LSGM基固体氧化物燃料电池的热喷涂工艺制备调控

王丽爽　著

中国石化出版社

内 容 提 要

本书对热喷涂技术以及 LSGM 基固体氧化物电池的相关研究进展进行了总结，在此基础上介绍了基于低成本高效率的热喷涂工艺制备 LSGM 基中温固体氧化物燃料电池。通过对电池电解质层和阻挡层的喷涂工艺参数进行调控，探讨了不同喷涂工艺条件下，涂层组织结构、成分等对电池性能的影响规律。

本书适合从事材料研究的技术人员，尤其是从事热喷涂、燃料电池方面研究的教师及科研人员参考使用。

图书在版编目(CIP)数据

LSGM 基固体氧化物燃料电池的热喷涂工艺制备调控／王丽爽著．—北京：中国石化出版社，2021.1
ISBN 978-7-5114-6123-0

Ⅰ.①L… Ⅱ.①王… Ⅲ.①固体-氧化物-燃料电池-热喷涂-制备-研究 Ⅳ.①TM911.05

中国版本图书馆 CIP 数据核字（2021）第 029469 号

中国石化出版社出版发行

地址：北京市东城区安定门外大街 58 号
邮编：100011 电话：(010)57512500
发行部电话：(010)57512575
http://www.sinopec-press.com
E-mail:press@sinopec.com
北京柏力行彩印有限公司印刷
全国各地新华书店经销

*

710×1000 毫米 16 开本 10.75 印张 206 千字
2021 年 2 月第 1 版　2021 年 2 月第 1 次印刷
定价：59.00 元

前　言

固体氧化物燃料电池(Solid Oxide Fuel Cell, SOFC)是一种不用经过燃烧，基于电极反应直接将燃料(化石燃料、生物质燃料和碳氢化合物燃料等)中的化学能转化为电能的发电装置；具有发电效率高、无污染、燃料适用范围广等诸多优点，是目前最具有发展前景的新型能源之一。

然而，较高的运行温度极大地限制了SOFC的商业化进程。高温SOFC的运行温度高达1000℃以上，如此高的运行温度一方面对设备提出了较高的要求，另一方面也使得廉价的金属连接极材料难以获得应用，这些都大大提高了运行成本。因此，低温化是实现SOFC商业化的有效途径。电解质作为SOFC的核心部件，其材料以及制备方法的选择对中温SOFC的性能以及成本至关重要。SOFC的电解质材料需具备如下几点要求：首先，在中温下，作为氧离子导体的电解质材料必须具有高的离子电导率，这样才能在阴阳极间有效传递氧离子，提高电池性能；其次，由于电解质材料的氧离子电导率要比阴阳极的电子电导率低两个数量级以上，因此，电解质的厚度必须要足够薄才能有效降低电池的欧姆电阻，提高电池性能；另外，由于电解质层起到隔绝氧化气与燃料气的作用，必须具有足够的致密度。因此，选择合适的中温电解质材料以及高效稳定的电解质薄膜制备方法可以进一步促进SOFC的发展。

传统的SOFC电解质材料氧化钇稳定的氧化锆(YSZ)广泛应用于高温SOFC。当Y_2O_3的掺杂量为8%(摩尔浓度，8YSZ)时在1000℃的电导率可达0.14 S/cm。然而，当温度进一步降低到800℃以下，其电导率也迅速降低，难以应用于中温环境下。具有钙钛矿结构的$LaGaO_3$基氧化物是一类新型的氧离子导体。其中，Sr和Mg掺杂的$LaGaO_3$(LSGM)在600~800℃，具有很高的氧离子电导率，在800℃，其离子电导率可达0.1 S/cm，且其电子电导率可以忽略。因此，LSGM被认为是目前最为理想的中温电解质材料之一。传统的电解质制备工艺为固相法烧结法，如丝网印刷、流延成型等，这些工艺都需要后续的高温烧结处理，而LSGM的烧结温度高达1400~1550℃，如此高的温度下极易与传统的Ni基阳极发生化学反应，而使得电池性能严重下降。热喷涂技术是通过将熔化、半熔化或不熔化的颗粒以一定的速度沉积到基体表面，通过颗粒的层层累加而形成涂层的一种方法。作为一种低廉高效的陶瓷涂层制备方法，在制备LSGM电解质涂层方面具有一定的优势。

本书结合国内外LSGM基SOFC的研究进展，基于真空冷喷涂可以在低温条件下制备多组元陶瓷材料薄膜的优势，探讨了其沉积特性；基于高温和低温致密化工艺调控涂层致密性，揭示了影响涂层致密性的因素，阐明了涂层结构与性能的关系；通过组装电池并进行性能表征，为真空冷喷涂制备可用于SOFC的LSGM电解质层提供了理论依据。另外，本书还阐述了采用高效率低成本的等离子喷涂技术制备 La 掺杂的 CeO_2(LDC)阻挡层，通过对等离子喷涂过程中 LDC 涂层的成分和组织结构进行调控，得到的 LDC 阻挡层、LSGM 与 Ni 基阳极都具有很好的化学兼容性，并且组装得到的电池表现出长时间性能的稳定性。本书进一步拓宽了喷涂技术在 SOFC 制备过程中的应用，希望对 SOFC 的制备提供部分理论依据和方法。

本书获得西安石油大学优秀学术著作出版基金资助，并得到了西安石油大学《材料科学与工程》省级优势学科(项目编号 YS37020203)、国家自然科学基金青年科学基金(项目编号 51901181)和陕西省自然科学基金(项目编号 2020JQ-771)等项目的资助。本书编写过程中得到了西安交通大学热喷涂实验室各位老师的指导和大力支持，书中部分实验数据由西安交通大学热喷涂实验室提供，在此一并表示感谢。

由于作者水平有限，书中难免会有错误和不周之处，如蒙指正，不胜感激。

目　录

1 热喷涂概述

1.1 热喷涂技术原理

热喷涂技术是基于软化颗粒撞击基体获得涂层的思想，利用热源将喷涂材料加热到熔化或半熔化状态，并以一定的速度喷射沉积到经过预处理的基体表面形成涂层的一种表面改性方法。基于热喷涂技术对基体进行表面改性后，赋予涂层特殊性能或功能，如耐高温、耐腐蚀、耐磨损、抗氧化以及特殊的力学、电学和光学性能等。热喷涂形成涂层的过程大致可分为四个阶段，即喷涂材料加热阶段、雾化阶段、飞行阶段、撞击沉积阶段。

（1）加热熔化：阶段喷涂材料送进热源高温区后，在高温下被加热至熔化或是半熔化阶段。

（2）雾化阶段：加热温度超过喷涂材料的熔点后，形成液滴，在高速气流中，液滴雾化破碎并加速飞行速度。

（3）飞行阶段：熔化或是半熔化状态的颗粒在喷嘴内被加速，离开喷嘴后高速飞行。飞行速度随飞行距离的增加而减速。

（4）撞击沉积阶段：具有一定温度和速度的喷涂粒子在接触基体材料的瞬间，以一定的动能冲击基体材料表面，对基体进行高速碰撞，颗粒的动能转化为热能，喷涂材料发生变形，高速粒子束不断地撞击，并附着于凹凸不平的基体表面上，如此进行基体表面颗粒不断相互堆叠最终沉积形成涂层。

热喷涂技术原理以及涂层的形成过程如图 1-1 和图 1-2 所示。

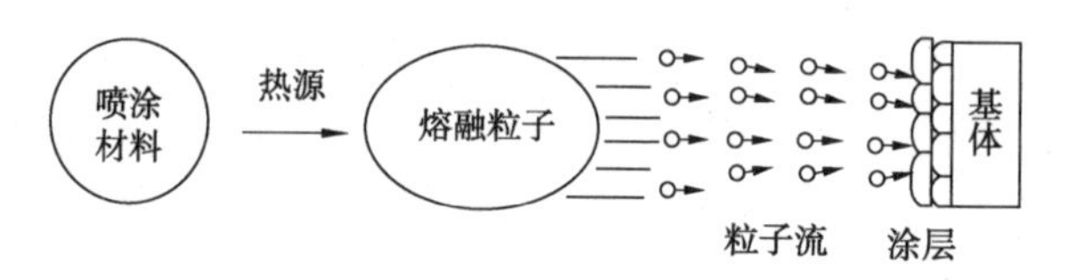

图 1-1　热喷涂技术原理示意图

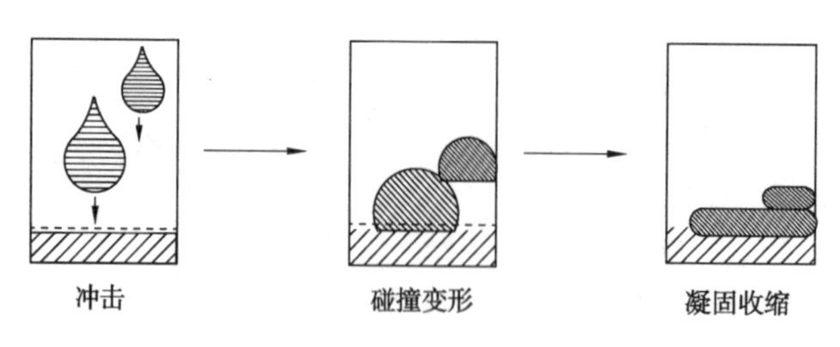

图 1-2　涂层形成过程示意图

1.2 热喷涂技术的发展

世界上第一台热喷涂装置是由瑞士科学家 Schoop 于 20 世纪初发明，该装置的研发主要受启发于孩子们用福洛拜枪射击时铅弹在墙上形成溅射的现象。当时研发的设备主要用于制备低熔点金属涂层，并在德国和瑞士申请了两个有关“致密金属涂层”的专利。而后科学家不断地对装置进行改进，相继发明了火焰喷涂技术、电弧喷涂技术，用于钢铁结构件表面防腐涂层的制备，将热喷涂技术真正用于实际生产当中。随着热喷涂技术的大量应用，其需求越来越高，低熔点的金属涂层已不能满足要求。由于陶瓷材料本身具有耐高温、耐腐蚀、耐磨损以及化学稳定性高的优点，因此，将陶瓷材料用于热喷涂将会大大拓宽热喷涂技术的应用领域。然而，基于当时的喷涂设备，高熔点的陶瓷材料难以制备。

直到 20 世纪 50 年代后期，美国联合碳化物公司发明燃气重复爆炸喷涂技术，实现了高质量碳化物涂层的制备。此后，美国 Plasmadyne 公司和 Metco 公司相继成功研发出等离子喷涂设备、工艺成套技术，该技术的出现有效解决了高熔点陶瓷材料以及难熔金属材料的喷涂技术问题，大幅度提高了涂层的质量，使得热喷涂技术迈向了高速、高质量发展的道路。20 世纪 70 年代以来，低压等离子喷涂技术、高速火焰喷涂技术、高能等离子喷涂技术、高速电弧喷涂技术等形成了较为完整的热喷涂技术体系。另外，俄罗斯科学家发明的冷气动力喷涂(冷喷涂)技术以及日本科学家开发的真空冷喷涂技术将热喷涂技术由“热”进一步拓展到“冷”，粒子速度大幅提高，制备温度大幅度降低，进一步丰富了现代热喷涂技术的含义。现代热喷涂从喷涂材料制备、喷涂设备操作、喷涂工艺调控到涂层性能检测均已经实现系列化和标准化。热喷涂技术已经成为现代制造领域不可或缺的技术之一。

我国热喷涂的发展始于 20 世纪 50 年代，首先由科研院所和大学介入，率先对火焰喷涂和电弧喷涂技术进行研究，并引进和研发相关设备。与此同时，国内也相继出现了一些专业化的喷涂厂，主要承接零件的修复和大型结构件的长效防护。例如，20 世纪 50 年代初，采用火焰喷涂技术，对隶属于淮南电厂的 240 多座高压输电铁塔进行喷锌保护，该工程是国内热喷涂早期应用的典型。20 世纪 70 年代后期，国际上等离子喷涂技术快速发展，与此同时，我国也先后研制了一系列等离子喷涂设备，如 DP-50、GP-80 以及 APS-2000 等离子设备，推动了我国热喷涂行业的发展和壮大。80 年代，热喷涂技术被列为国家“七五”重点推广技术。此后，在三个“五年计划”的支持下，低压等离子喷涂技术、高能等离子喷涂技术、高速火焰喷涂技术、高速电弧喷涂技术、冷喷涂技术以及真空冷喷涂技术等被引进国内，并且相关设备也相继在国内研发成功。

同时，我国热喷涂技术的发展和进步对我国航空航天技术的发展起到了推动作用。最早可追溯到20世纪50年代末，当时基于火焰喷涂技术在导弹鼻锥部位喷涂氧化铝热防护涂层。随着等离子技术的发展，70年代初，基于等离子技术在发动机燃烧室和喷管延伸段制备W涂层和ZrO_2涂层。此后，热喷涂技术的日渐成熟，其在航天领域的应用也进入快速发展的阶段，比如，热障涂层在航天领域的应用，成功解决了高温合金结构件承温极限难题；再比如，可磨耗封严涂层的出现解决了火箭发动机密封涡轮泵密封难题，极大推动了我国运载火箭事业的发展。图1-3为两种热喷涂涂层在关键部件上的应用。

(a) 发动机喷管内壁热障涂层

(b) 密封套喷涂可磨耗封严涂层

图1-3　热喷涂技术在航天领域的应用举例

然而，美国Sulzer Metco公司的Mitchell R. Dorfman和A. Sharma于2013年发表的论文显示，热喷涂技术的市场份额约为65亿。其中，北美和欧洲地区约占据其中2/3的市场份额，各约为21亿。其次，日本占据其中15%的份额，约为10亿。我国以及环太平洋区域的热喷涂技术市场份额各占据全球市场份额的约7.5%，各约为5亿。图1-4所示为全球热喷涂技术领域市场份额的占有情况。虽然我国在热喷涂技术领域的市场份额与发达国家相比还有一定的差距，但是，在2000年以后的5~10年，我国热喷涂技术的研究和发展显著增加。

就热喷涂研究方面而言，南洋理工大学的研究学者在2015年对近20年来15个国家地区在热喷涂技术领域发表的相关论文数量进行了统计，结果如图1-5所示。从图中统计结果可以看出，在1995~2004年的10年间，论文发表数量前10位的国家分别为美国(1552篇)、日本(806篇)、中国(647篇)、德国(573篇)、法国(466篇)、英国(362篇)、加拿大(234篇)、意大利(207篇)、韩国(195篇)、西班牙(179篇)。然而，在2005~2014年的10年间，参与统计的国家中，

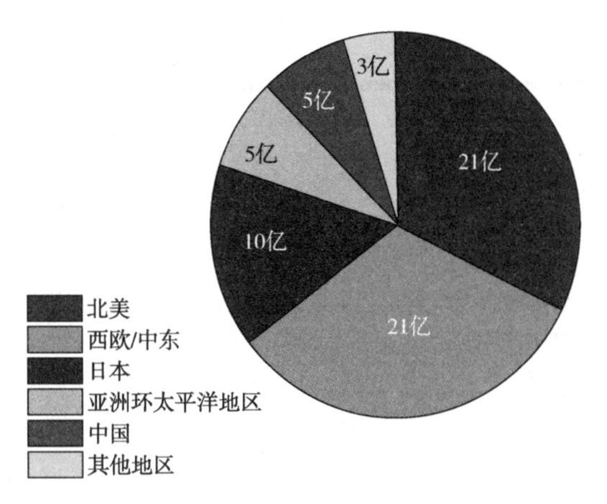

图 1-4　全球各地区热喷涂技术领域市场份额占比

每个国家在热喷涂领域发表的论文数量相比于前 10 年均发生了大幅度增长，大部分国家的论文增长数达一倍以上。同时，论文发表数量前 10 的国家和相应的排名也发生了变化，论文排名前 10 的国家分别为中国（3485 篇）、美国（1943 篇）、德国（1169 篇）、日本（1141 篇）、法国（964 篇）、印度（689 篇）、加拿大（643 篇）、韩国（603 篇）、英国（520 篇）、意大利（207 篇）、瑞士（427 篇）。显然，我国在近 10 年里，已经成为热喷涂领域发表论文数量最多的国家，且遥遥领先。统计结果进一步说明，我国热喷涂领域研究活跃，已经成为热喷涂技术研究领域的领先国家。

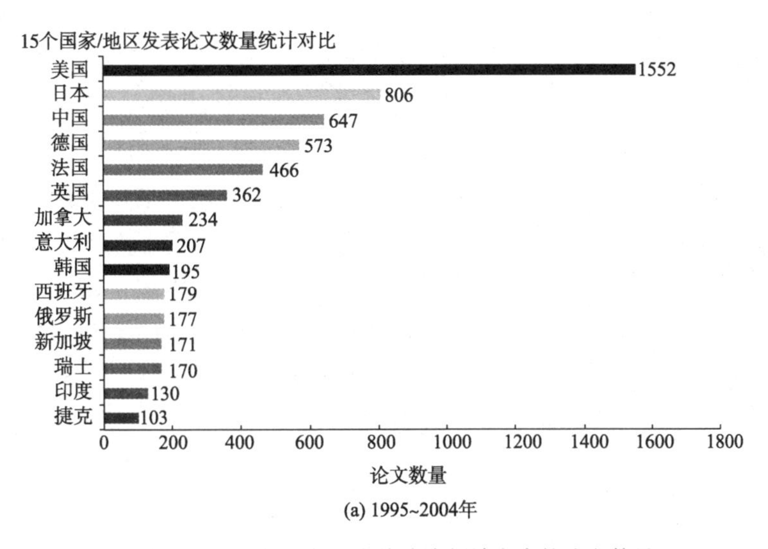

图 1-5　近 20 年，各国在热喷涂领域发表的论文数量

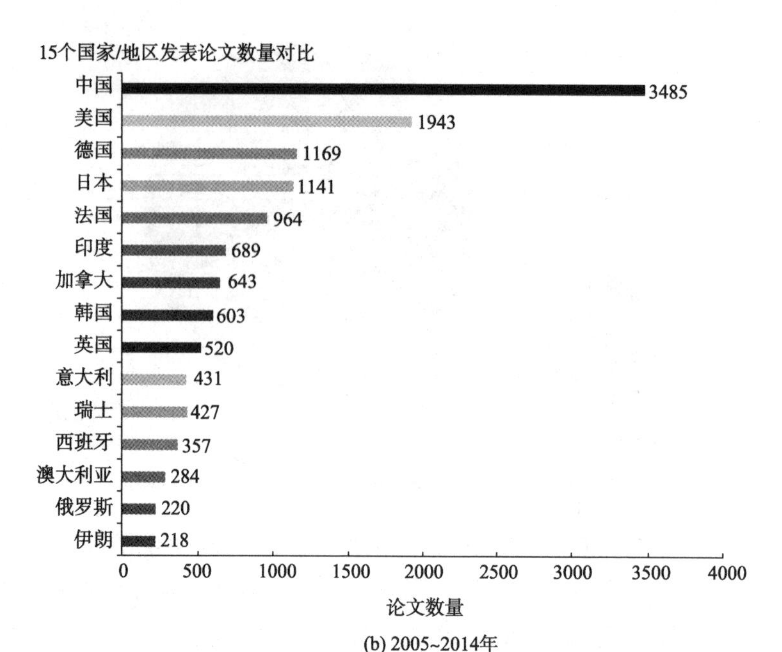

图 1-5　近 20 年，各国在热喷涂领域发表的论文数量(续)

美国 Sulzer Metco 公司的 Mitchell R. Dorfman 和 A. Sharma 对热喷涂技术市场的各行业占有情况进行了分析，如图 1-6 所示。从图中可以看出，就行业而言，发动机和燃气轮机工业占据约 60%的市场份额，自动化行业占据 15%的市场份额，其他行业占据剩下的 25%的市场份额。因此，从各行业占比来看，未来热喷涂市场份额的增长依然依赖于发动机和燃气轮机工业的应用和发展。

我国在“十二五”期间，热喷涂技术市场的年增长速度约为 20%～30%，到 2014 年，我国热喷涂技术市场达到约 120 亿元的规模。就统计结果可知，航空发动机占据热喷涂技术领域市场份额的 35%，而事实上，航空发动机和地面重型燃气轮机对热喷涂技术应用领域市场份额的贡献量超过 60%。更进一步说明了航空发动机和地面重型燃机的发展对热喷涂行业的重大影响。

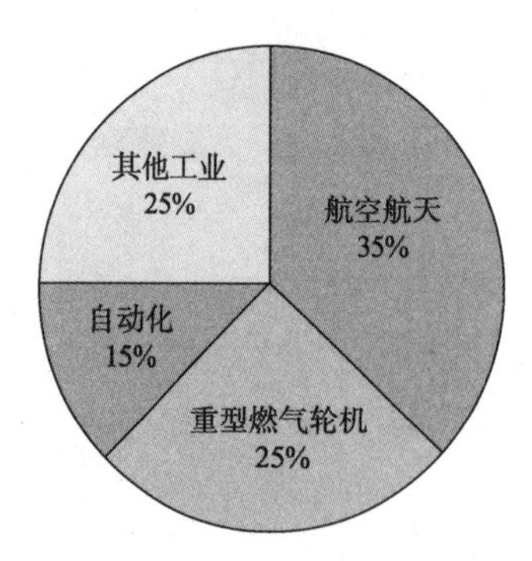

图 1-6　热喷涂技术各应用领域市场占有份额

我国围绕“航空发动机和地面燃气轮机”的“两机专项”于 2015 年正式启动，该项目隶属于国家科技重大专项。2016 年，在全国工业和信息化创新大会上，工信部部长苗圩表示“十三五”期间航空发动机和燃气轮机重大专项将全面启动实施，突破“两机”关键技术，推动大型客机发动机、先进直升机发动机、重型燃气轮机等产品研制，初步建立航空发动机和燃气轮机自主创新的基础研究、技术与产品研发和产业体系。同年，“两机专项”被国家“十三五”规划列为百项重大工程之首。此后，在“两机”专项的支持和推动下，2018 年 12 月，我国在燃气轮机方面取得重大突破，首件自主化 300MW 级 F 重型燃气轮机涡轮核心部件静叶铸件通过鉴定。热喷涂技术作为航空发动机和燃气轮机叶片不可或缺的防护手段，航空发动机和燃气轮机实物图如图 1-7 所示，发动机和燃气轮机工业对热喷涂行业的影响较大，加之我国对“两机”研发的重视，可以推断我国未来热喷涂的市场份额将达到目前的 2~4 倍。

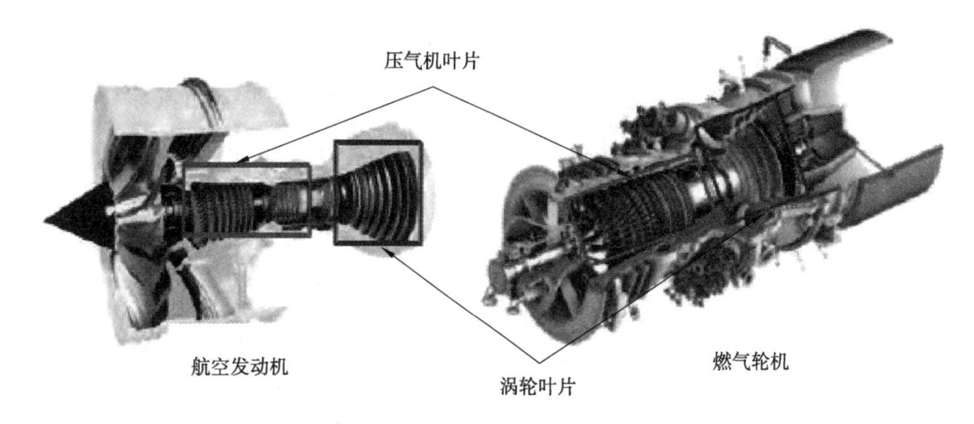

图 1-7　航空发动机和燃气轮机叶片

另一方面，在可持续发展的背景下，再制造技术迅速发展。再制造技术的概念近年来被提出，它是利用当前的先进技术，如计算机模拟、信息控制等，使得陈旧或者报废的零件重新发挥新零件的功能，提高废旧零件利用率，同时减少废旧零件对环境的污染的一种技术。再制造技术的目的是节能减排，实现产业可持续发展。常见的再制造技术包括电镀技术、熔融再制造以及热喷涂再制造技术等，其中热喷涂技术由于环境污染低、产品成品率高而应用最为广泛。

当前我国对再制造技术足够重视。2013 年，国务院在《关于加快发展节能环保产业的意见》中，明确提出“以旧换再”，加快发展再制造技术，拉动节能环保消费。热喷涂技术作为重要的再制造技术之一，再制造技术的发展将进一步拓宽我国热喷涂市场。因此，我国发动机和燃气轮机制造技术的确立以及再制造技术的成熟将会大大促进热喷涂技术的发展，然而，关键热喷涂工艺的确立以及关键热喷涂材料的研发仍然是未来我国热喷涂技术发展面临的挑战。

1.3 热喷涂工艺的研究进展

1.3.1 火焰喷涂技术

火焰喷涂是一种最早的热喷涂技术。火焰喷涂是基于可燃料性气体或液体和助燃气体(如氧气)按一定比例混合燃烧而产生的热量，将喷涂材料加热到半熔化或熔化的状态后，在气体的作用下，以一定的速度喷向基材表面，形成涂层的方法，如图1-8和图1-9所示为火焰喷涂技术原理示意图。常用的燃料主要有乙炔、天然气、丙烷、煤油等。通过燃料气体和氧气的流量控制和混合比例的控制，可以对火焰温度进行调节。当采用乙炔和氧气作为混合气体时，通过调节混合气体的流量比例，火焰温度可高达3000℃以上，能够较好地实现喷涂材料的熔融。另外，在火焰喷涂中除利用燃料气体和氧气对颗粒的加速作用外，为了进一步提高颗粒的速度，通常额外引入压缩空气对颗粒进行加速。

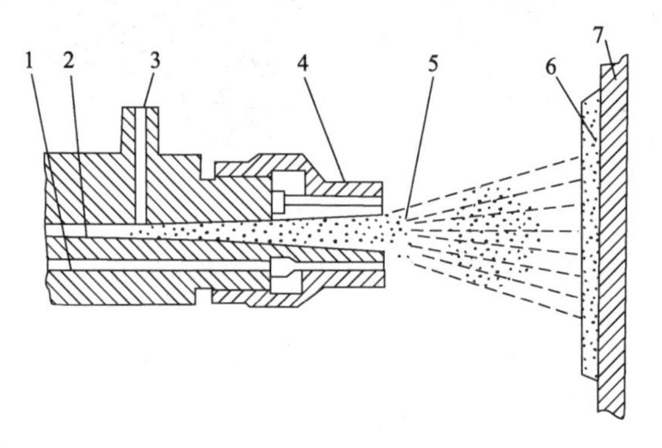

图1-8　粉末火焰喷涂原理示意图

1—氧-乙炔混合气；2—送粉气；3—喷涂粉末；4—喷嘴；5—燃烧火焰；6—涂层；7—基体

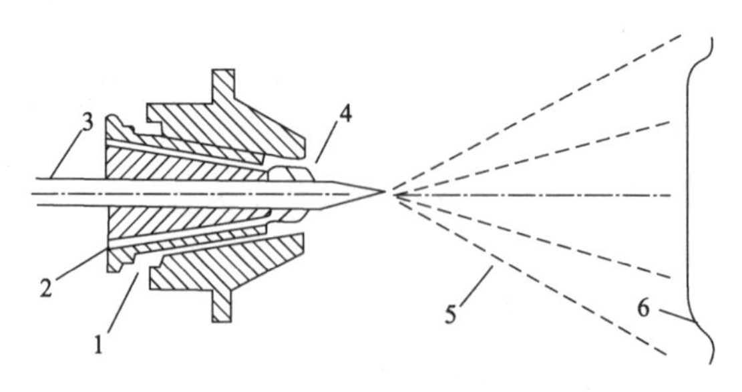

图1-9　丝材火焰喷涂原理示意图

1—燃料气体；2—氧气；3—棒材；4—空气帽；5—喷涂粒子流；6—基体

火焰喷涂具有设备简单、工艺简单、操作方便以及喷涂材料和基体的材料的选择广泛等优点。按照喷涂材料的状态不同，火焰喷涂分为线材火焰喷涂、粉末火焰喷涂等。如图 1-10 分别为线材火焰喷涂和粉末火焰喷涂两种喷涂设备的示意图。可以看出，火焰喷涂设备主要由喷枪、燃料和氧气供给系统、压缩空气供给系统、送丝(送粉)装置以及控制系统等组成。火焰喷涂的主要工艺参数包括：热源参数、喷涂距离等。热源参数通过控制乙炔和氧气的流量、比例来进行控制。喷涂距离主要通过影响颗粒的飞行速度来影响涂层的结构和性能。另外，喷涂前一般需要对基体进行预热，以提高涂层和基体的结合。

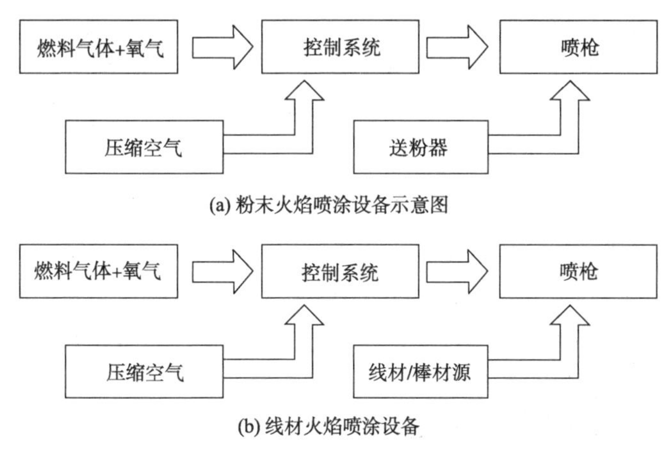

图 1-10　火焰喷涂设备示意图

线材火焰喷涂主要采用氧气-乙炔燃烧火焰作为热源，以金属丝等线材作为喷涂材料。喷涂过程中，喷涂线材依靠送丝轮送入火焰中，进行加热熔化。同时，压缩空气在喷嘴内部形成高速气流，将熔化后的线材雾化成小颗粒，高速撞击到基材表面形成涂层。在喷嘴内，丝材位于火焰中部，从而熔化比较均匀。送丝速度以及火焰温度也对丝材的熔化状态有一定的影响。常见的金属丝材的火焰喷涂参数见表 1-1。

表 1-1　常见的金属丝材火焰喷涂参数

喷涂材料	氧气流量/(m^3/h)	乙炔流量/(m^3/h)	压缩空气压力/MPa	喷涂距离/mm
镍/铝复合丝	0.8~1.2	0.65~1.0	0.45~0.65	100~150
铝/锌复合丝	0.75~0.9	0.07~0.1	0.4~0.5	100~120
铜合金丝	0.7~0.9	0.55~0.85	0.45~0.55	40~50
巴式合金丝	0.4~0.5	0.35~0.8	0.35~0.5	30~40

粉末火焰喷涂与线材火焰喷涂设备相似，主要采用氧气-乙炔燃烧火焰作为热源，喷涂材料为粉末状态，由于喷涂材料的制备相对简单、通用，应用较为广泛。喷涂过程中，粉末自喷枪被送入喷嘴，在气流的作用下，进入火焰，被加热熔化后在焰流和气体的共同作用下被加速喷射到基体表面形成涂层。与线材喷涂的不同之处在于，粉末在火焰中的位置不同，导致其受热程度不同，从而粉末的熔化程度有所差异，对涂层的微观结构有一定的影响。

火焰喷涂技术由于颗粒的飞行速度相对较低，涂层的孔隙率较大，一般在5%~20%，涂层与基体的结合强度较差。20 世纪 80 年代初期，美国的 James. A. Browning 在普通火焰喷涂的基础上，研发出了第一代超音速火焰喷涂装置，并命名为 Jet Kote I，使得涂层的结合强度得到显著提高。此后，为了进一步提高速度，Browning 等对喷枪进行了设计，扩大了燃烧室尺寸，使得燃烧室压力增加，进而火焰焰流和颗粒的飞行速度得到了提高。

超音速火焰喷涂，英文缩写为 HVOF(High Velocity Oxygen Fuel)，它是利用氢气、乙炔、丙烯、煤油等作燃料，用氧气作助燃剂，在燃烧室中燃烧，借助膨胀喷嘴产生高达 2000~3000℃、1500~2000m/s 速度的高速焰流，喷涂颗粒在高速焰流中被加热、加速后，高速撞击在基体表面上沉积形成涂层，比普通火焰喷涂涂层的结合强度更高，涂层组织结构也更加致密。图 1-11 为超音速火焰喷涂原理示意图。由于超音速火焰喷涂超高的焰流速度和较低的温度，在喷涂金属碳化物和金属合金等材料方面表现出明显的优势。超音速火焰喷涂最显著的特点为其超高的焰流速度和较低的温度。为获得较高的焰流速度，相比于传统火焰喷涂，超音速火焰设备气体的消耗量较大，氧气的消耗量是一般火焰喷涂的 10 倍左右。其焰流速度高达 1800m/s，粒子的飞行速度可高达 650m/s。较高的颗粒速

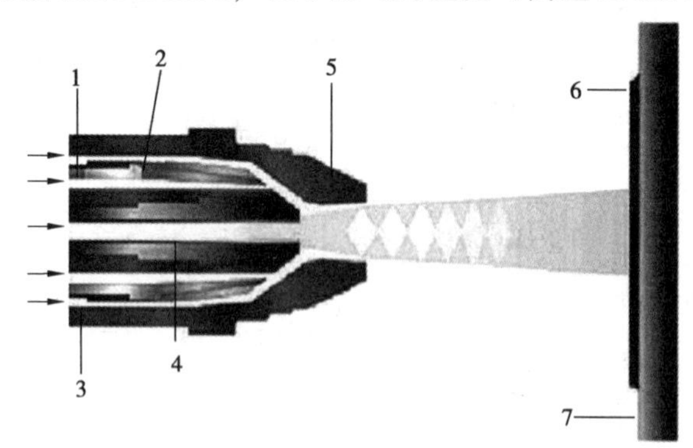

图 1-11　超音速火焰喷涂原理示意图

1—氧气；2—燃料；3—冷却水；4—送粉气；5—膨胀喷嘴；6—涂层；7—基体

度使得粉末颗粒在高温中停留的时间较短，不易发生氧化，涂层的含氧量也较低，化学成分和相组成较为稳定。超音速火焰喷涂得到的涂层的孔隙率显著下降。同时，颗粒的结合状态也得到了提高，涂层与基体的结合强度也得到显著提高。表 1-2 为超音速火焰喷涂与其他喷涂工艺方法在涂层性能上的比较。从表中可以看出超音速火焰喷涂具有高的涂层结合强度、高致密性和高硬度。

表 1-2　超音速火焰喷涂与其他喷涂工艺在涂层相关性能方面的比较

工艺	结合强度/MPa	厚度/mm	孔隙率/%	氧化物含量/%	硬度
电弧线材喷涂	20~40	<5	>5	>3	中
火焰线材喷涂	10~30	<3	>10	>5	低
火焰粉末喷涂	10~30	<2	>10	>5	低
等离子喷涂	30~50	<1.5	>3	>1	中
HVOF	70~100	<5	<1	<1	高
冷喷涂	30~50	<10	<1	<1	高

由于超音速火焰喷涂涂层优异的性能，自研发成功以来，得到了较为广泛的应用。从飞机发动机零部件耐磨涂层制备，到航空、铁路、冶金、纺织等各个涉及国防和民生的行业。同时，也带来了巨大的经济效益。据报道，2013 年前后，全球每年超音速火焰喷涂服务费达 2.1 亿美元。因此，各个热喷涂厂商争相开发更为优越的喷涂设备，使得涂层性能更好，成本更低。目前比较常用的超音速火焰喷涂系统及其特点见表 1-3。

表 1-3　典型超音速火焰喷涂系统及其特点

系统简称	燃料状态	特　点
JP-5000	液态	拉瓦尔喷嘴，耗氧量大
HP-2000	气态	燃料气体(乙炔)压力低
HVAF	气态	空气替代氧气，成本低
CH-2000	气态	气体压力和流量可调节

1.3.2　电弧喷涂技术

电弧喷涂也是最早研发和获得应用的热喷涂技术之一。它主要是利用两根连续送进的金属丝之间产生的电弧用作热源来熔化金属，利用压缩空气把熔化的金属雾化，并把雾化的金属液滴加速使之喷向工件表面形成涂层的技术。电弧喷涂原理示意图如图 1-12 所示。电弧喷涂过程中，两个导电嘴分别接电源的正负极，两根喷涂丝材依靠丝盘送进喷枪的两个导电嘴内。当两极的丝材相互接触后，由于发生短路而产生电弧。电弧产生的热量使丝材端部熔化，加之在压缩气流的作用下，熔化的金属丝材雾化，雾化后的颗粒获得一定的速度后撞击到基体表面形成涂层。电弧喷涂过程中，电弧温度高达 5000℃，从而熔融粒子温度高，变量大，因此涂层可获得较高的结合强度高。

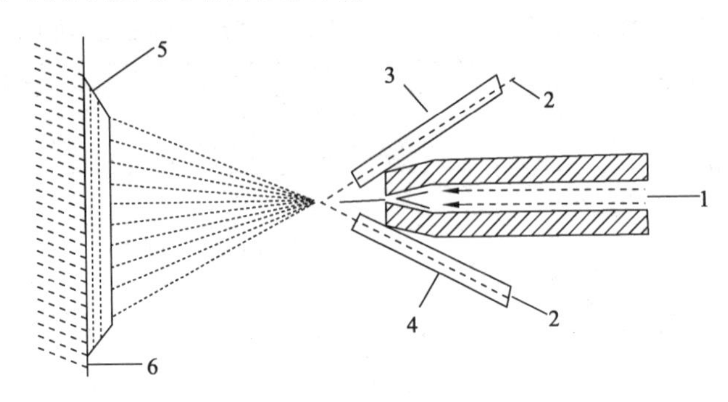

图 1-12　电弧喷涂原理示意图

1—压缩空气；2—丝材；3—阴极；4—阳极；5—涂层；6—基体

影响电弧喷涂的参数主要有喷涂电压、工作电流以及压缩空气流量等。临界喷涂电压的大小与喷涂材料直接相关。常用的喷涂材料的工作电压如表所示，可以看出，对于金属锌，喷涂电压约为 26~28V，而金属铝的喷涂电压一般为 30~32V，锌铝合金的喷涂电压在两者之间，约为 28~30V。只有喷涂电压高于材料的临界喷涂电压，电弧喷涂过程才能稳定燃烧。喷涂电压主要是影响熔化粒子的尺寸以及喷涂材料元素的烧蚀。喷涂电压越低，熔化粒子的尺寸越小。喷涂电压过高，喷涂材料的元素烧蚀严重。一般情况下，在电弧稳定燃烧的前提下，应采用相对较低的喷涂电压进行电弧喷涂涂层的制备，既可以获得较小的熔融粒子尺寸，又能防止喷涂材料的元素损失，保持涂层成分不发生变化。对工作电流而言，一般来说，增大工作电流可以提高生产率。但是，过大工作电量会造成喷涂材料的元素烧蚀，因此，工作电流也要控制在一定范围。此外，压缩空气的压力和流量影响熔融颗粒的雾化程度和飞行速度。随着压缩空气压力和流量的增加，熔融颗粒的雾化越充分，飞行速度也越大。但是空气流量的增加也同时会加大粒子的氧化，因此空气的压力和流量也要控制在合理的范围内。

电弧喷涂的设备主要包括喷涂电源、喷枪、送丝机构以及控制箱等，如图 1-13 所示。目前市场上大部分设备是将喷涂电源和控制箱合并在一起的。喷涂电源控制电弧电压和工作电流，一般根据喷涂材料对电弧电压和工作电流进行调节。喷枪作为电弧喷涂的关键部件，其对金属丝材的熔化和雾化起到关键作用。

送丝机构主要用来控制整个送丝速度，以保证丝材能均匀连续地送至喷枪。由于电弧喷涂设备操作方便，工艺简单，且制备金属涂层效率较高，广泛用于防腐、耐磨和修复等工程领域。例如，大型结构件，如输电铁塔、桥梁结构等，在使用过程中环境较为复杂，其长效防护备受关注。目前，多采用电弧喷涂的方法对大型结构件进行长效防腐蚀保护。报道显示，采用电弧喷涂锌涂层对钢结构件进行阳极保护，可使其寿命达 15 年以上。但是电弧喷涂也有其局限性，一方面，电弧喷涂的喷涂材料必须具有良好的导电性，不适用于绝缘涂层的制备；另一方面，强大的电弧导致元素的烧损和氧化严重，所制备得到的涂层的成分常常偏离原始喷涂材料的成分，导致涂层成分不均匀，影响涂层质量。

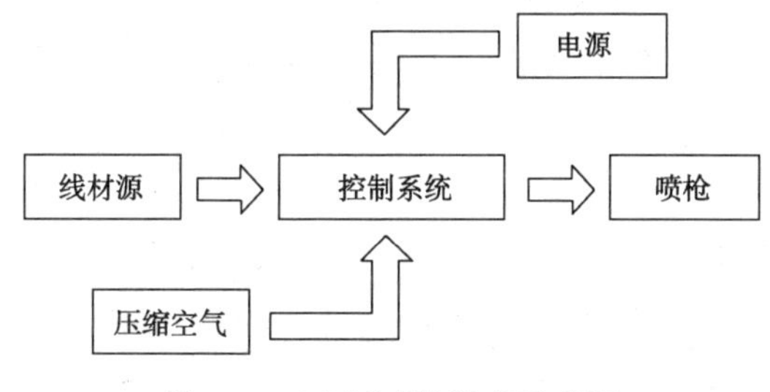

图 1-13　电弧喷涂设备示意图

1.3.3　等离子喷涂技术

等离子喷涂技术因应用范围广，自 20 世纪 50 年代研发成功以来，获得了快速发展。在热喷涂领域发表的研究论文中，关于等离子喷涂技术的论文数量高达 50%。等离子喷涂是采用非转移型等离子弧为热源，在喷嘴内对粉末状态的喷涂材料进行加热熔化，达到熔融或是半熔融状态后，经过喷嘴和等离子射流的加速作用，以一定的速度撞击到基体表面形成涂层的技术。等离子喷涂原理如图 1-14 所示。喷枪的喷嘴作为阳极，电极作为阴极，两电极分别接电源的正、负极。当工作气体通入两电极之间的空腔后，借助高频火花引燃电弧，电弧将气体加热并电离，产生等离子弧，加热的气体产生热膨胀后，由喷嘴喷出高速等离子射流。送粉气体携带喷涂粉末送入高速等离子射流中，粉末被加热到熔融或半熔融状态。粉末在加热的同时被高速等离子射流加速，获得一定速度的熔融颗粒，以一定的速度喷射向基体表面形成涂层。

等离子喷涂常用的工作气体有氩气（Ar）、氢气（H_2）、氮气（N_2）和氦气（He）等。在等离子喷涂过程中，等离子气体分为主气体和辅助气体两种类型。一般采用氩气或氮气作为等离子气体的主气，氢气作为辅助气体，氮气作为送粉气体。

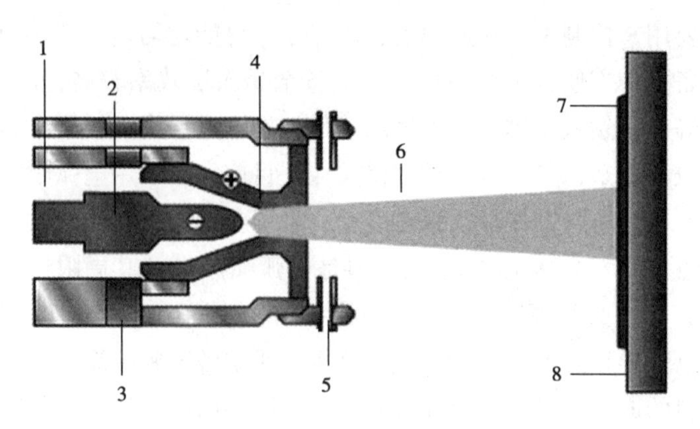

图 1-14　等离子喷涂原理示意图

1—等离子气体；2—阴极；3—绝缘体；4—水冷阳极；5—粉末口；
6—等离子焰流；7—涂层；8—基体

作为双原子气体的氮气，分解能大，热焓高，热导率高，有利于粉末的加热和熔化，且氮气成本较低，应用较为广泛。但是氮气不适用于容易发生氮化反应的粉末或是基体。氩气是一种单原子气体，热导率和热焓均小于氮气，且没有分解能。氢气分解能大，其热导率比氮气和氩气高几十倍。在氮气和氩气中加入少量氮气可以显著提高等离子弧电压，因此，氢气常用来作为辅助气体。

等离子射流温度可达 8000～14000℃，因此，等离子喷涂在制备陶瓷涂层特别是高熔点陶瓷涂层以及难熔合金涂层中具有显著优势。高熔点的陶瓷材料以及难熔合金材料在等离子射流中均能够较好地实现熔化。该技术具有喷涂材料适用性广的特点，等离子喷涂能够实现从低熔点的金属合金涂层到高熔点的陶瓷涂层的制备，因此，等离子喷涂被称为万能喷涂技术。其次，由于喷涂粉末的熔化较好，等离子射流速度高，制备得到的涂层微观结构致密，且能获得较高的结合强度。

等离子喷涂技术分为多种类型，根据形成等离子体的介质不同可分为气稳等离子喷涂技术和液稳等离子喷涂技术。其中，气稳等离子喷涂根据环境气氛的不同又可分为低压等离子喷涂技术、保护气氛等离子喷涂技术和大气等离子喷涂技术。液稳等离子喷涂又可分为水稳及其他液体稳定等离子喷涂技术。根据等离子射流的速度差异，可分为常规等离子喷涂技术和高能等离子喷涂技术。图 1-15 为典型的等离子喷涂技术分类类型。

影响等离子喷涂涂层的工艺参数主要包括喷涂功率、喷涂距离、走枪速度、送粉量和基体温度等。喷涂工作电压和工作电流影响喷涂功率，喷涂功率越高，等离子弧的温度越高，喷涂成本也相应得到提高。因此，在保证粉末熔

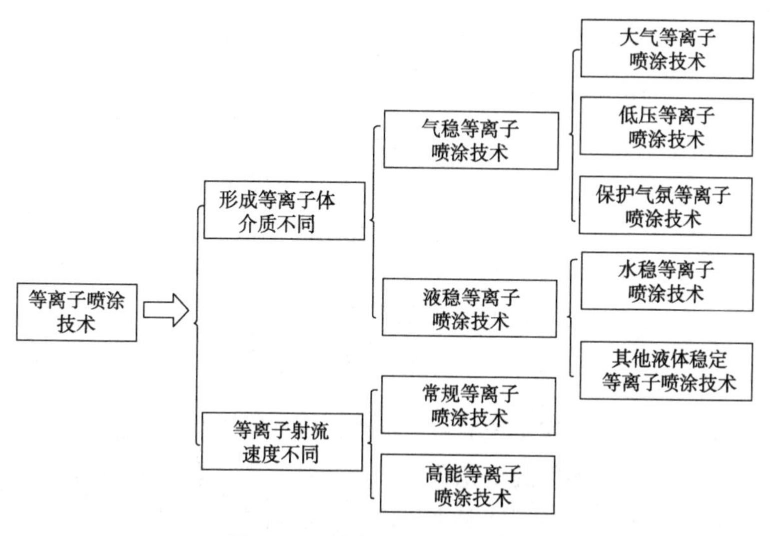

图 1-15　等离子喷涂技术分类

化的前提下应该选用较低的喷涂功率。但是，在制备高熔点的陶瓷材料和难熔金属材料时，应选用较高的喷涂功率。在喷涂金属碳化物时，为了防止金属碳化物的分解和元素的损失，通常选用低电压、高电流和较大的气体流量。喷涂距离影响颗粒熔化程度和颗粒的飞行速度。喷涂距离过小，较大的粉末颗粒未能得到完全熔化，影响了整体涂层的质量。喷涂距离过大，粉末颗粒的撞击速度大大降低，涂层内部颗粒/颗粒间结合以及涂层/基体间结合率大大降低。送粉量的大小影响涂层组织结构和沉积效率。送粉量过大，会导致粉末的整体熔化程度下降，涂层中孔隙率增加，未熔颗粒的数量增加，同时也会使喷涂沉积效率下降。送粉量过小，也会使喷涂效率下降，造成人力和物力的浪费，大大增加喷涂成本。基体温度影响涂层与基体的结合。增加基体温度可以增加涂层和基体的结合，同时可以提高涂层内部的结合率。报道显示，未经基体预热的涂层内部结合率约为 32%，而通过基体预热，可以改善涂层内部结合，提高涂层结合率。

目前，市场上等离子喷涂设备有多种类型和品牌，主要包括 Sulzer Metco 公司生产的 Sulzer Metco 7M、Sulzer Metco 9M，Praxair 公司生产的 7700 和 6600，德国 GTV 公司生产的 MF-P-DELTA 2000，国产设备 GP-80、UP300 等。等离子喷涂设备主要包含如下几个部分：喷枪、整流电源、控制系统、热交换系统、送粉器、水电转换箱、气体供给系统（压缩空气供给系统、工作气体供给系统）等，如图 1-16 所示。

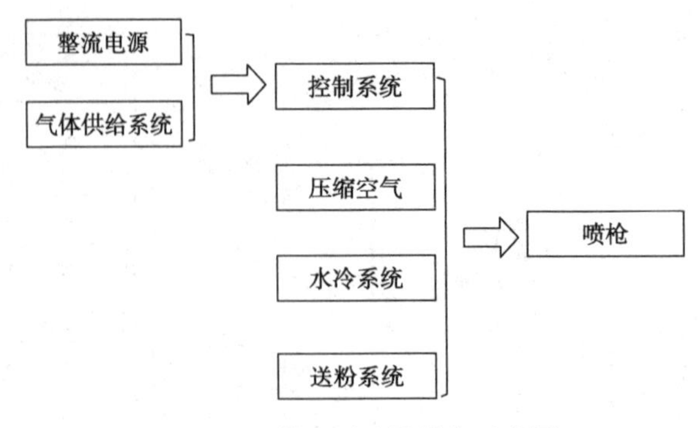

图 1-16　等离子喷涂设备示意图

等离子喷枪是整个喷涂系统的核心部件，喷枪由喷嘴、电极杆、电极和绝缘体组成。喷嘴的结构对颗粒的熔化状态以及颗粒速度具有显著影响，且喷嘴和电极都为易损件，应该对其使用情况进行检查，定期更换。整流电源的作用是为整个系统提供电能。控制系统由电气控制系统、气路控制系统和工作状态控制系统组成，控制着整个喷涂系统的运行。气体供给系统一方面为喷涂系统提供工作气体，保证喷涂过程的顺利进行，另一方面也可提供冷却气体，以增加喷枪内部部件的使用寿命。冷却水系统是主要降低喷枪内部温度，提高部件使用寿命的装置。在喷涂过程中，送粉器是提供粉末的装置，另外可以对送粉量进行调节。一般而言，等离子喷涂用喷嘴的粉末粒度范围为 5～200μm，送粉量为 5～150g/min。喷涂过程通过喷涂系统各部分的协调配合来保证整个喷涂过程的顺利进行。

随着等离子喷涂技术的出现和快速发展，在常规等离子喷涂技术的基础上，20 世纪 90 年代发展了超音速等离子喷涂技术(SPS)。相比于大气等离子喷涂，高能等离子喷涂技术增大了输出电压，提高了输出功率。同时，等离子射流的速度得到提高。比如，超音速等离子喷涂系统 PlazJet，其等离子射流速度高达 2000m/s，从而粒子速度为常规大气等离子喷涂粒子速度的 2 倍以上，喷涂效率也相应提高了 2 倍以上。表 1-4 所示为超音速等离子喷涂相比于常规等离子喷涂的工艺参数对比。

表 1-4　超音速等离子喷涂技术与常规等离子喷涂技术的工艺参数对比

主要参数	SPS	APS
功率/kW	>50	20～35
送粉量/(kg/h)	3～5	—
主气/(L/min)	15～30	30～50
辅助气体/(L/min)	100～200	—
送粉气/(L/min)	—	6～14
喷涂距离/mm	60～80	经验值

与常规大气等离子喷涂相比，超音速等离子喷涂系统对喷枪结构进行了优化，喷嘴设计成细长管形，在喷嘴和电极间施加高达600V的空载电压，大流量的等离子气体在电极间被引燃形成电弧，在喷嘴内部电弧被拉长到130mm，整个喷涂系统的最大使用功率增加至200kW。在长弧柱和大功率的作用下，等离子气体被加热到较高的温度，高温等离子气体离开喷嘴就产生了超音速等离子射流。超音速等离子喷涂的高功率和高温度，使得其适合于喷涂高熔点的金属氧化物涂层，加之较高的粒子速度，使得高熔点粉末粒子在获得高速度的同时可获得充分的加热。因此，超音速等离子喷涂得到的涂层结合强度大大提高，孔隙率大大降低，且涂层的硬度显著提高。

相比于常规大气等离子喷涂技术，超音速等离子喷涂技术加热温度更高，粒子速度更高，可喷涂材料的范围更广。另外，粒子在等离子射流中加热时间更短，对于喷涂一些易氧化和烧损的材料具有一定的优势。除此之外，高的粒子速度使得涂层微观组织结构更加致密，结合强度得到提高。但是由于成本比大气等离子喷涂高，因此，常用于高熔点陶瓷材料以及易氧化的金属陶瓷材料的喷涂。

低压等离子喷涂技术是将等离子喷涂工艺在低压保护气氛中进行，其原理与大气等离子喷涂类似，工作压力范围在5000~8000Pa。低压等离子设备与大气等离子喷涂设备基本相同，不同的是，低压等离子喷涂设备配备一个真空室以及真空机组。真空室的极限真空度为1Pa，工作压力为1000Pa。相比于传统等离子喷涂，低压等离子喷涂技术的特点包括：在低压环境下，能获得较高的等离子焰流速度和温度，且喷涂环境压力越低，射流速度和温度就越高；低压环境能够显著降低熔融粒子和基本表面的氧化，适合易于氧化的金属粉末的喷涂。另外，低压等离子喷涂制备的涂层的微观结构与常规等离子喷涂相似，均呈现层状结构。由于粉末在等离子焰流中能够较好地熔化，因此，涂层的孔隙率显著下降，结合强度提高。但是，低压等离子喷涂设备昂贵，运行成本高，推广应用受到限制。

1.3.4 冷喷涂技术

冷喷涂又称冷气动力学喷涂，是近年来发展起来的一项表面工程新技术。该技术最早是由俄前苏联西伯利亚分部的理论与应用机械研究所的Alkhimov等人在偶然一次风洞实验中发现的。研究者们在进行超音速风洞示踪颗粒实验中发现，当超音速风洞中颗粒的速度超过某一临界速度时，颗粒不再是简单地冲蚀，而是能够相互堆积形成涂层，他们之后申请了相关专利，并命名为冷喷涂技术。图1-17所示为不同速度的金属颗粒撞击基体后对基体造成的影响。可以看出，当金属颗粒撞击基体速度较低时，仅对基体表面造成冲蚀，并没有颗粒在基体上沉积，这与喷丸的原理类似。当金属颗粒撞击基体速度增加到一定程度后，金属颗粒在基体表面撞击发生塑性变形而实现与基体结合。当金属颗粒撞击基体速度过大时，造成基体表面击穿，形成孔洞。

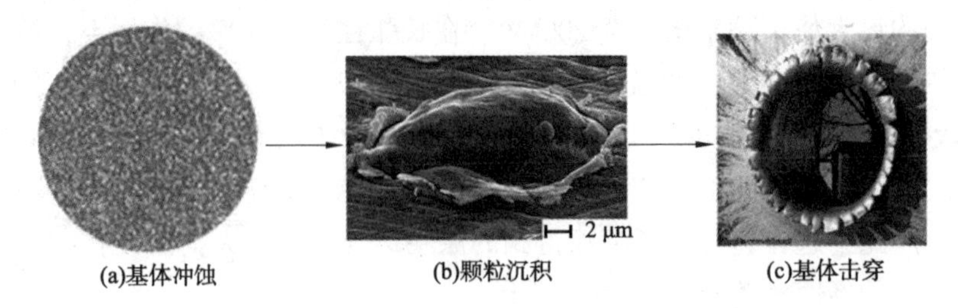

图 1-17　不同速度的金属颗粒撞击基体后对基体造成的影响

注：(a)～(c)撞击速度依次增加

冷喷涂技术是采用一定的高压气体通过收缩扩张喷嘴产生超音速气体射流，将喷涂粒子从轴向送入气体射流中，形成气固两相流，在气体的携带下，粉末以固态粒子的形式撞击基体，金属颗粒产生严重的塑性变形，从而形成涂层的喷涂技术。工作气体可以采用氦气、氩气、氮气等。冷喷涂技术原理如图 1-18 所示。

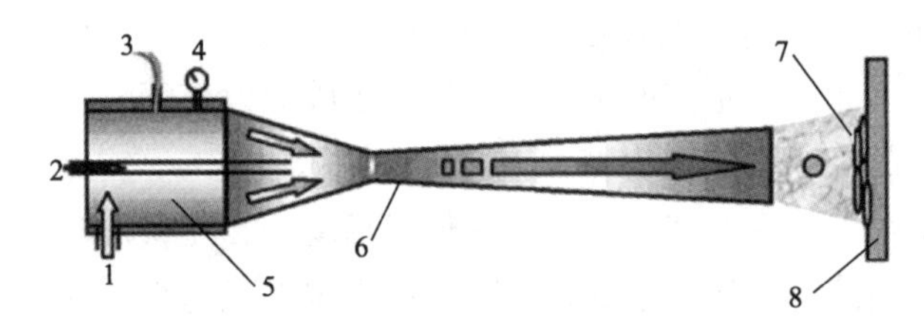

图 1-18　冷喷涂沉积原理示意图

1—气体入口；2—粉末入口；3—热电偶；4—压力表；5—预热腔室；6—Laval 喷嘴；7—涂层；8—基体

从图 1-18 中可以看出，冷喷涂过程中，首先通入高压工作气体，工作气体在进入喷嘴之前，通入加热装置中进行加热，气体被加热到一定温度后，流入收缩-扩张的喷嘴；气体经过喷嘴后，被快速加速到超音速。同时，粉末通过送粉器注入喷涂系统中，粉末颗粒在气体的作用下被加速，同时也被加热。离开喷嘴后，粉末颗粒高速撞击到基体表面，依靠颗粒的塑性变形形成涂层。冷喷涂用的收缩-扩张喷嘴称为拉瓦尔(Laval)喷嘴。虽然在冷喷涂过程中也存在粉末的加热，但是加热温度远低于喷涂材料的熔点，这也是冷喷涂与热喷涂的不同之处。同时，高速碰撞在基体表面后通过粒子与基体同时发生一定程度的塑性变形而使颗粒黏附或冷焊在基体表面形成涂层。为了满足碰撞沉积所需要的变形要求，粉末颗粒必须被加速到一定的速度以上，这个速度称为临界沉积速度。当粒子的速度大于临界沉积速度时，高速颗粒撞击基体或沉积的涂层表面时，通过绝热剪切发生大尺度塑性变形、破碎分散表面氧化膜而通过新鲜金属、通过冶金结合而沉积。图 1-19 为不同喷涂方法的粒子温度和速度的比较。

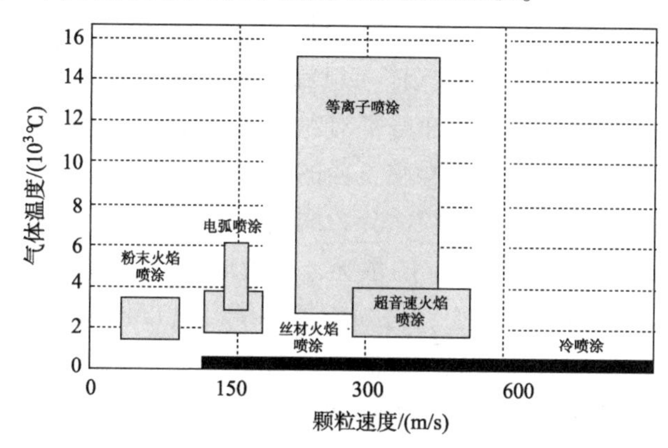

图 1-19　冷喷涂技术与热喷涂技术颗粒速度和气体温度比较

相比于热喷涂技术，冷喷涂技术具有如下优点：

（1）相比于热喷涂，冷喷涂能够低温下实现涂层的制备，无须加热到材料熔点以上温度。

（2）冷喷涂技术的喷涂速度和沉积效率较高，喷涂速度可达 3kg/h，沉积效率达 70%以上；

（3）冷喷涂技术过程工作温度低，金属粉末在沉积过程中不易发生氧化，涂层中氧化物含量低；

（4）冷喷涂沉积温度低，对基体的热影响小，涂层具有稳定的相结构和化学成分；

（5）冷喷涂依靠颗粒的塑性变形实现颗粒的结合，涂层结构致密，当采用冷喷涂制备金属导电涂层时，可获得高电导率的涂层；

（6）冷喷涂涂层的残余应力小，涂层内部形成的应力以压应力为主，涂层厚度可达数毫米。

由于金属材料具有塑性变形的特征，因此，冷喷涂可沉积大部分纯金属材料和合金材料，如 Cu、Al、Ni、Ti、Zn、Fe、Mg 等以及它们组成的合金。由于陶瓷材料具有较高的脆性，不易发生塑性变形，因此，不能直接采用冷喷涂的方法来制备陶瓷涂层。金属陶瓷复合材料可以用冷喷涂的方法制备，如高硬度金属陶瓷材料 WC-Co、Cr_3C_2。

粒子速度是冷喷涂工艺中非常重要的参数。影响粒子速度的主要的参数包括喷嘴参数，如喷嘴形状、喷涂工艺参数，如气体压力、气体种类、气体温度、粉末粒度和喷涂距离等。研究者对冷喷涂过程中 Cu 颗粒加速行为影响因素进行了系统的研究。对于喷嘴形状参数，在一定范围内，喷嘴下游长度越长，颗粒速度越大。加速气体类型对颗粒速度影响较大，采用 He 时粒子可获得较高的速度，约为采用 N_2时粒子速度的 1.5 倍。对于同一种加速气体，粒子速度随气体压力的增加而显著增加，粒子速度随气体入口温度的增加而增加。对粉末颗粒而言，粒子密度、大小、形貌、粒度分布等都对颗粒加速行为产生影响。其中，颗粒直径的影响最为显著，颗粒速度随颗粒直径的增加而降低。

根据气体入口压力不同，冷喷涂分为两种类型：高压冷喷涂系统和低压冷喷涂系统。气体入口压力小于 1MPa 的系统，称为低压冷喷涂系统。由于气体入口压力低，粒子获得动能相对较小，必须增加粒子温度以提高粒子碰撞变形能力。高压冷喷涂中，也采用气体加热以提高粒子温度，进而增加粒子碰撞变形能力。

冷喷涂设备主要由喷枪、气体加热装置、送粉器、控制系统、喷涂机械手以及辅助装置组成。图 1-20 为冷喷涂装置示意图。根据颗粒加速行为的影响因素，喷枪和气体加热装置是冷喷涂系统的核心部件。通过喷嘴结构的设计提高气体和颗粒速度。高速气体通过加热装置，能够在短时间内把气体加热到几百摄氏度。机械手用来控制喷枪的移动速度和喷涂面积。控制系统控制整个喷涂过程的进行。图 1-21 为西安交通大学自主研发的 CS-2000 冷喷涂系统。

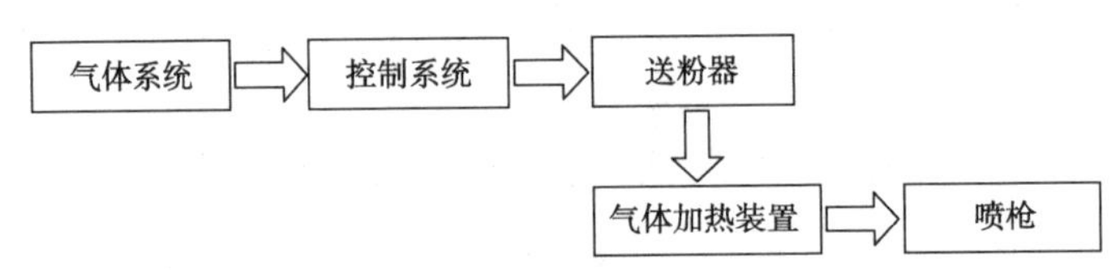

图 1-20　冷喷涂设备示意图

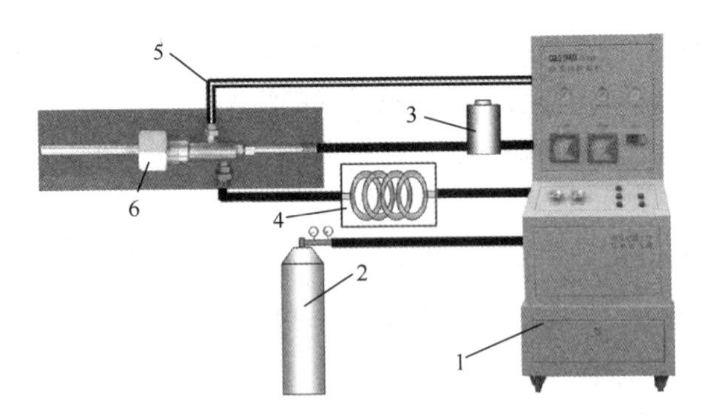

图 1-21　CS-2000 冷喷涂系统

1—控制柜；2—气瓶；3—送粉器；4—气体加热装置；5—温度和压力控制装置；6—喷枪

1.3.5 真空冷喷涂技术

真空冷喷涂技术(Vacuum Cold Spray, VCS)是一种新兴的陶瓷或金属薄膜制备技术。它主要是在低压和低温条件下，通过气体(He、N_2或空气等)加速超细粉末粒子，使粒子以一定的速度撞击基体或已沉积涂层，而实现涂层制备的方法。目前主要用于陶瓷薄膜的制备。真空冷喷涂又被称为气浮沉积法(Aerosol Deposition Method, ADM)或是真空动力喷涂(Vacuum Kinetic Spray, VKS)。图1-22是真空冷喷涂系统示意图。从图中可以看出，真空冷喷涂系统主要由气源、送粉器、真空腔室、移动平台、喷枪等组成。真空冷喷涂的沉积过程可以描述为：经送粉器振动的超细粉末在气流的携带下进入到真空腔室，经过喷嘴的再一次加速后，颗粒高速撞击到基体表面或是已沉积颗粒表面而形成涂层。对于其沉积机制目前存在几种说法，尚没有统一的定论。Akedo把真空冷喷涂颗粒间的结合称为室温下的碰撞结合，他认为在高速碰撞过程中颗粒的断裂和塑性变形产生了颗粒之间的结合，最终形成了涂层。同时，他通过实验和模拟的方法验证了这个假设，Al_2O_3颗粒撞击所产生的碰撞力超过了其断裂韧性，并且在沉积得到的Al_2O_3涂层中，发现了颗粒尺寸远小于原始粉末的晶粒。

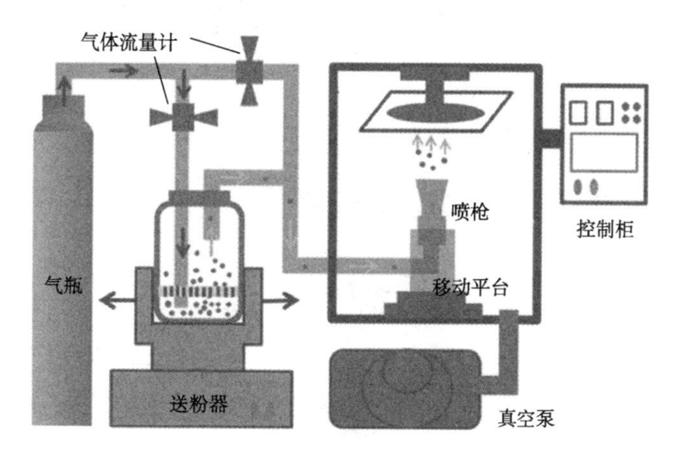

图1-22 真空冷喷涂系统示意图

基于以上沉积机制，与其他薄膜沉积方法相比，真空冷喷涂具有一些显著的特点：①沉积温度低；②沉积过程中涂层不发生相变；③沉积效率高；④临界沉积速度低。由于沉积腔室的压力低，加之颗粒尺寸小，真空冷喷涂颗粒的临界沉积速度相对较低。基于以上特点，真空冷喷涂在制备陶瓷薄膜方面表现出良好的应用前景，另外，真空冷喷涂设备简单，体积小，且易操作。

由于真空冷喷涂主要依靠颗粒高速碰撞而产生结合形成涂层，因此，影响涂层结构的因素包括颗粒的速度、粉末特性、基体特性、喷涂工艺参数以及涂层后处理等等。

(1) 颗粒速度的影响。在真空冷喷涂中，无能量输入的情况下，颗粒动能是其主要能量来源。研究结果表明，颗粒撞击基体后，颗粒的动能将转变为热能和断裂能。而颗粒的断裂直接影响到能否沉积得到涂层，颗粒动能大小取决了飞行颗粒能否成功沉积到基体上，因此，颗粒速度对涂层沉积影响较大。与冷喷涂类似，在真空冷喷涂中，也存在一定的临界沉积速度。当颗粒撞击基体前的速度大于临界沉积速度时，飞行颗粒成功在基体上得到沉积，形成涂层；当颗粒撞击基体前速度小于临界沉积速度时，飞行颗粒由于动能不足，无法成功沉积到基体上。研究结果表明，对于真空冷喷涂 Al_2O_3 而言，平均尺寸为 300nm 的颗粒，其临界沉积速度~150m/s，即临界沉积速度>150m/s 的颗粒才能够实现沉积。其他喷涂方法相比，真空冷喷涂在喷涂颗粒尺寸和喷涂速度有所不同，如图 1-23 所示。

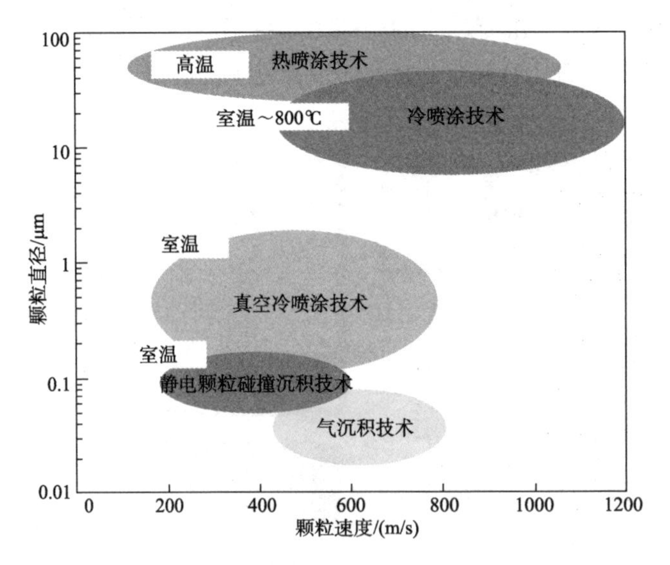

图 1-23　真空冷喷涂和其他喷涂方法在喷涂颗粒与喷涂速度上的比较

(2) 粉末特性的影响。粉末特性的影响主要包括粉末尺寸的影响以及粉末团聚状态的影响。研究结果表明，真空冷喷涂所用粉末的尺寸一般小于 5μm。当粉末颗粒尺寸过大时，撞击基体时颗粒速度不足，难以实现沉积；当粉末颗粒尺寸过小时，撞击基体时颗粒容易受到基体前气流的影响，也难以沉积到基体上。图 1-24 为不同尺寸大小的颗粒沉积示意图。

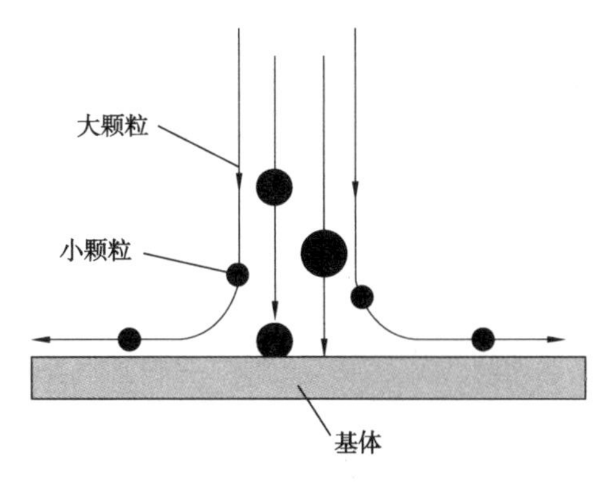

图 1-24　真空冷喷涂过程中，不同大小颗粒的沉积示意图

一般而言，在真空冷喷涂中，亚微米尺寸的粉末容易沉积得到涂层。Akedo 等对不同尺寸的粉末的沉积特点进行了系统的研究，结果表明，当采用的平均粉末颗粒尺寸>1μm 时，在 Al 基体上未能实现 Al_2O_3涂层的成功沉积。当采用的平均粉末颗粒尺寸为 0.2μm 时，起初，在 Al 基体上实现 Al_2O_3涂层的沉积，但是随着沉积时间的增加，涂层发生开裂并很快从基体上脱落。当采用的平均粉末颗粒尺寸为 0.4μm 时，在 Al 基体上得到了质量较好的 Al_2O_3涂层。除了颗粒尺寸外，粉末团聚状态对粉末的沉积影响也较大。研究人员对不同团聚状态的 Al_2O_3 粉末的沉积行为进行了系统的研究，粉末的原始颗粒尺寸相同，当粉末的团聚状态为软团聚时，能够在基体上得到质量较好的涂层；当粉末的团聚状态为硬团聚时，在基体上仅能得到类似粉笔末的涂层，涂层内部结合状态较差，很快从基体上脱落。研究结果表明，团聚状态的粉末在撞击基体时，团聚体的破碎以及团聚体内颗粒排列状态的变化吸收了大部分能量，从而得到质量较差的涂层。图 1-25 为 Al_2O_3硬团聚粉末和 Al_2O_3软团聚粉末的微观形貌对比图。

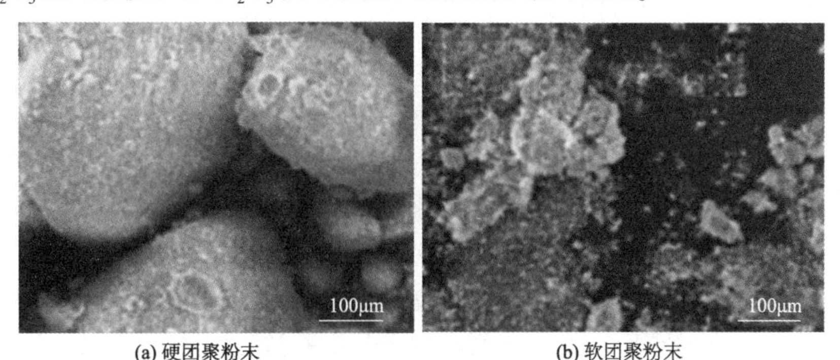

(a) 硬团聚粉末　　(b) 软团聚粉末

图 1-25　不同团聚状态的两种 Al_2O_3粉末微观形貌图

（3）基体特性的影响。基体特性的影响包括基体温度的影响和基体力学性能的影响。基体温度对颗粒沉积行为和涂层质量具有一定的影响。研究人员在不同的基体温度下进行 Al_2O_3粉末的沉积，基体温度从室温（25℃）增加到 700℃，结果表明，随基体温度的增加，涂层的透明度和硬度下降。进一步说明随基体温度增加，涂层内部颗粒结合变差。这是由于当基体温度升高时，基体表面的气流扰动变强，使得颗粒在撞击基体前受到的气流扰动增强，降低了颗粒的撞击速度。基体力学性能的影响主要通过影响基体/涂层界面结合以及涂层内部颗粒界面间结合对真空冷喷涂涂层产生影响。研究人员在具有不同硬度的基体上进行涂层的制备，结果表明，低硬度基体上可以获得具有良好基体/涂层界面间结合的涂层，而高硬度基体上的涂层内部颗粒间结合更佳。这是由于低硬度基体有利于高速颗粒的嵌入，使得涂层起始制备阶段涂层能够实现与基体良好的结合，而高速颗粒在高硬度的基体上能够实现更好地破碎、断裂，加之高硬度基体能够承受连续高速颗粒的撞击，使得涂层内部夯实作用增强，因此，涂层内部具有良好的颗粒/颗粒间结合。图 1-26 为在不同硬度的基体上得到的涂层的基体/涂层间界面微观形貌图。

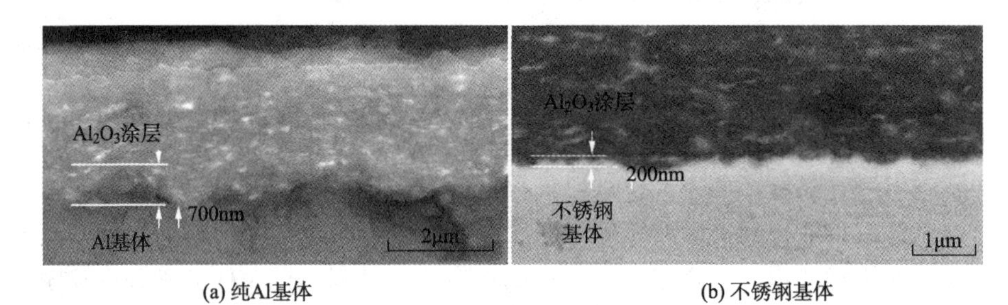

(a) 纯Al基体　　(b) 不锈钢基体

图 1-26　两种不同硬度的基体上得到的 Al_2O_3涂层的基体/涂层间界面微观形貌

（4）喷涂工艺参数的影响。真空冷喷涂技术主要的喷涂工艺参数包括气体流量、喷涂距离、真空度、喷枪移动速度等。这些喷涂参数主要通过影响颗粒沉积速度来对涂层质量产生影响。Yang 等研究了气体流量对真空冷喷涂 TiO_2光阳极薄膜电学性能的影响。结果显示，当气体流量从 3L/min 提高到 7.5L/min 时，TiO_2光阳极薄膜组装的太阳能电池的短路电流密度从 8.3mA/cm^{2}提高到 9.8mA/cm^2，开路电压从 678mV 提高到 695mV，同时，电池的光电转换效率也获得提升。进一步表明在真空冷喷涂过程中，随气体流量的增加，TiO_2喷涂颗粒的速度提高，从而使得 TiO_2薄膜内部颗粒间连接更加紧密。喷涂距离也是通过对颗粒沉积速度的影响而对真空冷喷涂涂层质量产生影响。Chun 等采用数值计算的方法探究了喷涂距离对真空冷喷涂涂层沉积的影响。计算结果表明，随喷涂距离的增加，Al_2O_3颗粒的碰撞基体前的速度随之增加。他们进一步采用试验的方法进行了验证，结果显示，随喷涂距离的增加，Al_2O_3涂层的力学性能(硬度和弹性模量)得到提高，进一步表明，颗粒碰撞速度的提高使得涂层内部颗粒间结合更加紧密。由于在真空环境下，颗粒的沉积速度难以得到直接测量，基于数值计算的方法能够更好地对颗粒沉积速度进行评估，并对相关喷涂工艺参数进行调控。图 1-27 为基于数值计算的方法得到的喷涂距离对颗粒沉积速度的影响。Wang 等研究了真空度对纳米 TiN 涂层电学性能的影响，结果表明，随着喷涂腔室内压力的降低，TiN 涂层的电阻逐渐减小，表明涂层内部颗粒间连接随真空度降低而逐渐增强，进一步说明颗粒速度随真空度的提高而提高(表 1-5)。

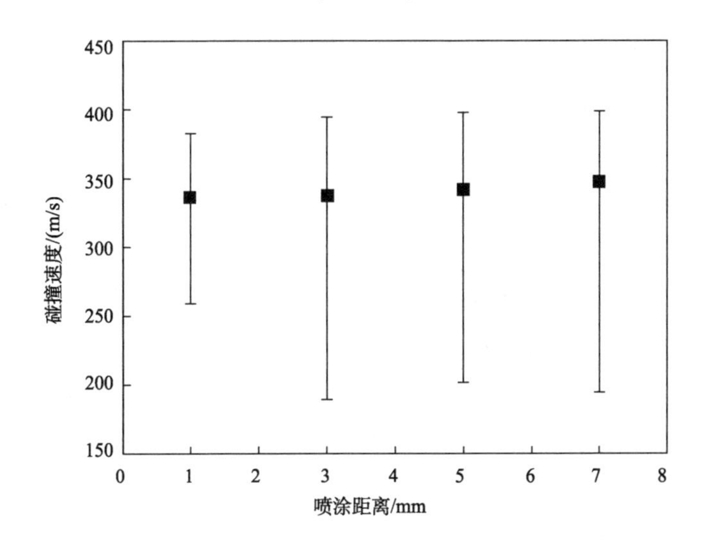

图 1-27　基于数值计算的方法得到的喷涂距离对颗粒碰撞速度的影响

表 1-5　气体流量为 3L/min 时，不同腔室压力下纳米 TiN 涂层的电阻

腔室压力/Pa	电阻/Ω	腔室压力/Pa	电阻/Ω
100	5323	600	$>10^6$
200	21248	1000	$>10^6$
400	73692	5000	$>10^6$

(5) 后热处理的影响。后热处理能够增强真空冷喷涂涂层内部颗粒间结合，使得整个涂层的力学性能和电学性能获得提高。Yang 等研究了热处理温度对真空冷喷涂光阳极 TiO_2薄膜电催化活性的影响，结果表明，随着热处理温度增加，TiO_2薄膜的电催化活性增强，当热处理温度为 450~500℃时，TiO_2薄膜的电催化活性呈现最佳状态。Akedo 等研究了后热处理对真空冷喷涂锆钛酸

铅[Pb($Zr_{0.52}$，$Ti_{0.48}$) O_3，PZT]薄膜铁电性能的影响，结果如图 1-28 所示，随热处理温度的提高，PZT 薄膜的铁电性能得到显著提升。

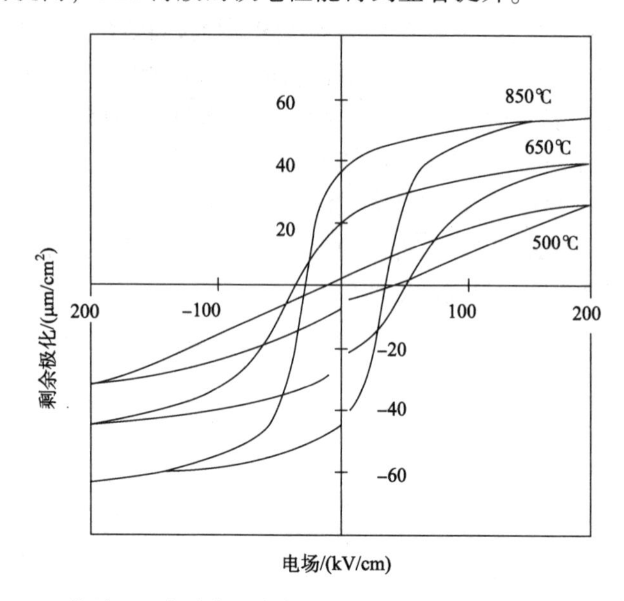

图 1-28　热处理温度对真空冷喷涂 PZT 铁电陶瓷薄膜磁滞回线的影响

1.4 主要参考文献

[1] 徐滨士．表面工程[M]．北京：机械工业出版社，2000.

[2] 徐滨士，李长久，刘世参，马世宁．表面工程与热喷涂技术及其发展[J]，中国表面工程，1998(1)，3-9.

[3] 吴子健．现代热喷涂技术[M]．北京：机械工业出版社，2018.

[4] P. Fauchais，J. Beberlin，M. I. Boulos. Thermal Spray Fundamentals. From Powder to Part[M]. New York：Springer，2014.

[5] 曾江．见证和参与我国热喷涂事业的发展历程[J]．金属加工(冷加工)，2011，19：22-24.

[6] 吴朝军，吴晓峰，杨杰．热喷涂技术在我国航天领域的应用[J]．金属加工(热加工)，2009，18：23-26.

[7] Mitchell R. Dorfman，Atin Sharma. Challenges and Strategies for Growth of Thermal Spray Markets：The Six-Pillar Plan[J]. Journal of Thermal Spray Technology，2013，25：559-563.

[8] K. A. Khor，L. G. Yu. Global Research Trends in Thermal Sprayed Coatings Technology Analyzed with Bibliometrics Tools [J] . Journal of Thermal Spray Technology，2015，24：1346-1354.

[9] 李长久．热喷涂技术应用及研究进展与挑战[J]．热喷涂技术，2018，10(4)：1-22.

[10] 肖春芳．"航空发动机和燃气轮机"专项取得里程碑式成果[J]．中国设备工程，2019，1：7.

[11] "两机"重大专项全面启动，迎来高峰期[J]．风机技术，2016，6：2.

[12] 崔慧然，李宏然，崔启政，任建伟，翟永杰，张乔．航空发动机及燃气轮机叶片涂层概述[J]．热喷涂技术，2019，11(1)：82-94.

[13] 张毅，乌日开西·艾依提，赵晓龙．基于热喷涂的再制造技术研究现状综述[J]．制造技术与机床，2013，(9)51-53.

[14] 刘沛楠．1500亿再制造市场开启[J]．中国投资，2013，10：18-20.

[15] 李君．热喷涂技术应用与发展调研分析[D]．吉林大学，2015，吉林，中国．

[16] 曲敬信，王泓宏．表面工程手册[M]．北京：化学工业出版社，1998.

[17] 王孔巨，杜光辉．HVOF热喷涂技术[J]．西飞科技，2000，3，47-49.

[18] 陈利斌，王雪元，徐群飞，傅肃嘉．超音速火焰喷涂技术的应用和发展[J]. 浙江冶金，2012，(1)，1-4.
[19] 易春龙．电弧喷涂技术[M]. 北京：化学工业出版社，2006：76-77.
[20] 顾兴俭，王合存．电弧喷涂长效防护涂层的发展应用和研究现状[J]. 应用科学，2005(6)：94，124.
[21] 李天虎，杨军，金珠．电弧喷涂技术应用现状及发展[J]. 四川化工，2005(2)：12-14.
[22] 陈永雄，梁秀兵，刘燕，徐滨士．电弧喷涂快速成型技术研究现状[J]. 材料工程，2010，(2)：91-96.
[23] 朱昱，魏金栋，周燕琴，张宇，李小武，倪红军．等离子喷涂技术研究现状[J]. 现代化工，2016，36(6)：46-50.
[24] Li C. -J. , Ohmori A. Relationship between the structure and properties of thermally sprayed deposits[J]. Journal of Thermal Spray Technology, 2002, 11: 365-374.
[25] Li C. J. , Yang G. J. , Li C. X. . Development of particle interface bonding in thermal spray coatings: areview[J]. Journal of Thermal Spray Technology, 2013, 22(2-3): 192-206.
[26] Y. Z. Xing, C. -J. Li, Q. Zhang, C. -X. Li, and G. -J. Yang. Influence of microstructure on the ionic conductivity of plasma-sprayed yttria-stabilized zirconia deposits[J]. J. Am. Ceram. Soc. , 2008, 91(12): 3931-3936.
[27] S. Hao, C. -J. Li, and G. -J. Yang, Influence of deposition temperature on the microstructures and properties of plasma sprayed Al_2O_3 coatings[J]. J. Therm. Spray Technol. , 2011, 20: 160-169.
[28] Y. Z. Xing, Y. Li, C. -J. Li, C. X. Li, and G. J. Yang. Influence of substrate temperature on microcracks formation in plasma-sprayed yttria-stabilized zirconia splats[J]. Key Eng. Mater. , 2008, 373-374: 69-72.
[29] G. -J. Yang, C. X. Li, S. Hao, Y. Z. Xing, E. J. Yang, C. -J. Li. Critical bonding temperature for the splat bonding formation during plasma spraying of ceramic materials[J]. surface & Coatings technology, 2013, 235, 841-847.
[30] Piao Z. , Xu B. , Wang H. , et al. Characterization of Fe-based alloy coating deposited by supersonic plasma spraying [J]. Fusion Engineering and Design, 2013, 88(11): 2933-2938.
[31] Vautherin B. , Planche M. P. , Bolot R. , et al. Vapors and droplets mixture

deposition of metallic coatings by very low pressure plasma spraying[J]. Journal of thermal spray technology, 2014, 23(4) : 596-608.

[32] Alkhimov A. P. , Kosarev V. F. , Papyrin A. N. A method of cold gas-dynamic deposition[J]. Soviet Phys-ics-Doklady, 1990, 35(12): 1047-1049.

[33] 雒晓涛. 冷喷涂纳米结构 cBN-NiCrAl 金属陶瓷涂层的显微结构与力学性能研究[D]. 西安: 西安交通大学, 2017.

[34] 周香林, 张济山, 巫湘坤. 先进冷喷涂技术与应用[M]. 北京: 机械工业出版社, 2011.

[35] Papyrin AN, Alkimov AP, Kosarev VF, et al. Experimental study of interaction of supersonic gas jet with a substrate under cold spray process[C]. Proceedings of the International Thermal Spray Conference, 2001: 423-431.

[36] 李文亚. 粒子参量对冷喷涂层沉积行为、组织演变与性能影响的研究[D]. 西安: 西安交通大学, 2005.

[37] Li J, Zhang Y, Ma K, et al. Microstructure and Transparent Super-Hydrophobic Performance of Vacuum Cold-Sprayed Al_2O_3 and SiO_2 Aerogel Composite Coating [J]. Journal of thermal spray technology, 2018, 27(3) : 471-482.

[38] Wang L S, Zhou H F, Zhang K J, et al. Effect of the powder particle structure and substrate hardness during vacuum cold spraying of Al_2O_3[J]. Ceramics International, 2017, 43(5): 4390-4398.

[39] Akedo J. Room temperature impact consolidation(RTIC) of fine ceramic powder by aerosol deposition method and applications to microdevices[J]. Journal of Thermal Spray Technology, 2008, 17(2): 181-198.

[40] Nam S. M. , Mori N. , Kakemoto H. , et al.. Alumina thick films as integral substrates using aerosol deposition method[J]. Japanese Journal of Applied Physics, 2004, 43(8A), 5414-5418.

[41] Lebedev M. , Akedo J. , Ito T.. Substrate heating effects on hardness of an α-Al_2O_3 thick film formed by aerosol deposition method[J]. Journal of Crystal Growth, 2005, 275, e1301-e1306.

[42] Yang G. J. , Li C. J. , Liao K. X. , et al. Influence of gas flow during vacuum cold spraying of nano-porous TiO_2 film by using strengthened nanostructured powder on performance of dye-sensitized solar cell[J]. Thin Solid Films, 2015, 19: 4709-4713.

[43] Chun D. M. , Ahn S. H.. Deposition mechanism of dry sprayed ceramic particles

at room temperature using a nano-particle deposition system[J]. Acta Materialia, 2011, 59, 2693-2703.

[44] Wang Y. Y., Liu Y., Li C. J.. Electrical and mechanical properties of nano-structured TiN coatings deposited by vacuum cold spray[J], Vacuum, 2012, 86 : 953-959.

[45] Yang G. J., Li C. J., Fan S. Q., et al.. Influence of annealing on photocatalytic performance and adhesion of vacuum cold-sprayed nanostructured TiO_2 coating [J]. Journal of thermal spray technology, 2007, 16(5-6): 873-880.

[46] Akedo J., Lebedev M.. Effects of annealing and poling conditions on piezoelectric properties of $Pb(Zr_{0.52}, Ti_{0.48})O_3$ thick films formed by aerosol deposition method [J]. Journal of Crystal Growth, 2002, 235: 415-420.

2 中温固体氧化物燃料电池概述

2.1 固体氧化物燃料电池原理及分类

2.1.1 固体氧化物燃料电池原理

固体氧化物燃料电池(Solid Oxide Fuel Cell, SOFC)是一种不用经过燃烧直接将燃料和氧气中的化学能转化为电能的发电装置，因其具有发电效率高、无污染以及低噪音等显著优点，受到越来越多的关注以及研究。SOFC 的工作原理如图 2-1所示，单电池为典型的三明治结构，主要由多孔的阴阳极层以及致密的电解质三个功能层构成。电解质起到传递 O^{2-} 以及隔绝燃料气与氧化气的作用。SOFC 工作时，来自氧化气中的 O_2经过多孔阴极扩散到阴极与电解质界面处，在三相界面(Three Phase Boundary, TPB)处，经过阴极的催化作用与来自外电路的电子结合形成 O^{2-}；O^{2-}在电位差和浓度差的作用下，通过电解质膜的氧空位，传递到阳极侧，在阳极侧 TPB 处，与燃料发生氧化反应，并释放电子，电子经过外电路返回到阴极侧并产生电流。

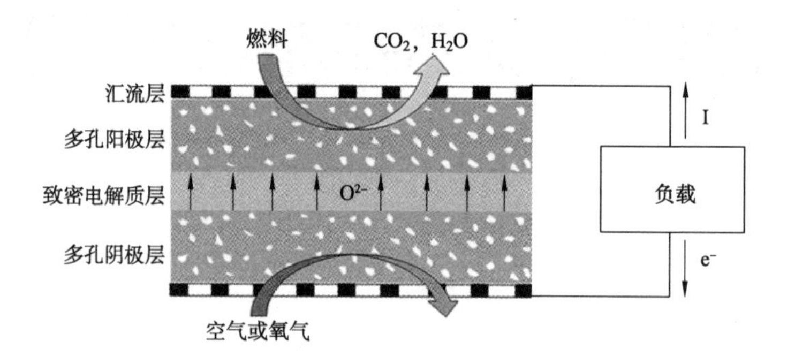

图 2-1 固体氧化物燃料电池工作原理示意图

2.1.2 固体氧化物燃料电池分类

根据运行温度的不同，SOFC 又被分为高温 SOFC(HT-SOFC)、中温 SOFC(IT-SOFC)和低温 SOFC(LT-SOFC)。

(1) 高温 SOFC(HT-SOFC)

高温 SOFC 的运行温度为 800~1000℃，YSZ 在此温度范围内具有较高的氧离子电导率，因此常被用作电解质材料。并且在高温下，电极的催化活性较高，电极极化电阻大大降低，但是电池在高温下长期运行过程中电极和电解质之前会发生一定的扩散。并且高温环境引起的成本大大提高，首先，只能使用造价昂贵的陶瓷连接极材料；其次，对密封材料以及技术提出了更高的要求。此外，整个系统制造困难，运行也极为不方便。

（2）中温 SOFC(IT-SOFC)

IT-SOFC 的运行温度降低到 600~800℃，温度的降低使得其制造成本大大降低，在此温度范围内可以采用廉价的金属连接极。但是当温度低于 800℃后，YSZ 的氧离子电导率迅速降低，如果仍然用其作为电解质材料，必须大大降低电解质层的厚度，才能有效降低欧姆内阻。要获得薄的电解质层，对制备工艺的要求大大提高，并且制备成本也相应提高。因此，运用高电导率电解质是实现 IT-SOFC 的关键。

（3）低温 SOFC(LT-SOFC)

LT-SOFC 的运行温度进一步降低到 600℃以下，制造成本变得更低，电池的稳定性以及寿命也得到提高。但是在低温下，电极催化活性很差，除了电解质的欧姆内阻外，电极电阻也大大提高。因此，目前研究的重点集中在新材料的合成以及结构的设计上。比如，研究证明，Sm 掺杂的 CeO_2(SDC)与碳酸盐复合电解质在低温下表现出较高的电导率，但是该电解质在工作过程中的稳定性有待提高。另外，也有研究学者通过使用超薄电解质以及三维结构来提高电池有效反应面积，在低温下也获得了良好的输出性能，但是这些方法工艺比较复杂，短时间内难以得到推广。

对这三种类型的电池而言，IT-SOFC 高温带来的一系列成本问题以及电池内部诸如界面反应、电极烧结等问题，而 LT-SOFC 的开发又刚刚处于起步阶段，因此，SOFC 的中温化将是目前实现 SOFC 商业化的有效途径。

SOFC 单电池需要一定的支撑才能达到一定的机械强度，目前，根据支撑体的不同，分为自支撑型和外部支撑型两种。自支撑型是指电池自身的某个部件对整个单电池起到支撑，由于这种类型的电池制备简单、灵活，成本较低而得到广泛应用。根据自支撑型电池的支撑部位不同，又分为阳极支撑型、阴极支撑型和电解质支撑型三种类型。

图 2-2 为三种不同的自支撑型电池的结构示意图。从图中可以看出，作为支撑整个电池的部件，要具有足够的厚度，才能使得整个 SOFC 单电池具有一定的机械强度。电解质支撑的 SOFC 电池中，位于中间的电解质层厚度较厚，而两侧的电极层厚度较薄，这种类型电池由于致密的电解质可以有效阻隔燃料气体和氧化气体，因此，可以保证整个 SOFC 电池的气密性。但是，该类型电池较厚的电解质厚度，使得整个电池的内阻较高，电池的输出性能受到较大影响，因此，电解质支撑的电池只有在较高工作温度下才能获得理想的输出性能。阴极支撑的

SOFC 具有较厚的阴极层，较薄的电解质层和阳极层。较薄的电解层大大降低了整个电池的欧姆阻抗，电池输出性能得到提升。但是多孔的阴极结构受到厚度的影响，电导率显著降低，另外氧化气体在阴极侧的传输受到一定的阻碍，使得电池的输出性能受到一定的影响。阳极支撑的 SOFC 是目前应用最为广泛的电池类型，阳极层较厚，中间的电解质层以及对侧的阴极层较薄。由于阳极的阻抗要远远低于阴极阻抗，因此，相比于阴极支撑 SOFC，该类型电池的输出性能相对较高。

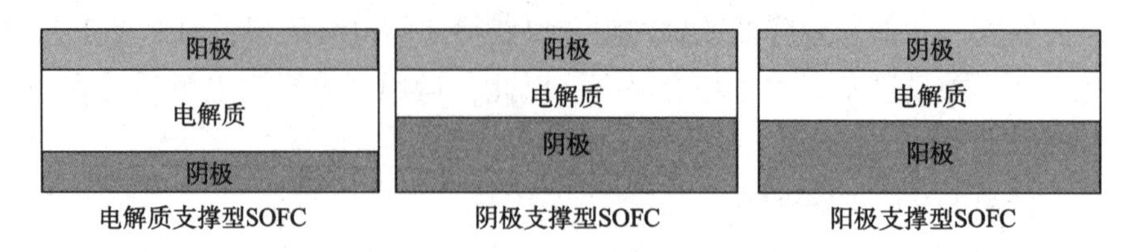

图 2-2　三种类型自支撑 SOFC 电池

2.2　中温固体氧化物燃料电池电极和电解质材料

2.2.1　SOFC 阳极材料

SOFC 阳极上主要进行的反应是燃料的催化氧化反应，而阳极的功能是提供反应的场所以及实现对反应后的电子进行转移。因此，SOFC 阳极必须具有优良的电催化活性以及足够的表面积，另外，阳极要保证足够的孔隙率以保证燃料能够快速地在阳极内部传递，除此之外，还要保证阳极与连接极以及电解质具有好的化学相容性等。目前，金属陶瓷阳极应用较为广泛。陶瓷相主要起到支撑作用，同时协调阳极与电解质材料的匹配性，另外还可以防止金属相在服役过程中发生团聚长大现象。金属相起到催化燃料以及传递电子的作用。电池阳极侧的电池反应发生在三相界面处。阳极侧三相界面指氧离子导体（电解质）、电子导体（金属或氧化物阳极）和燃料气体在阳极侧的接触点。增加三相界面的数量可显著提升阳极电池反应，提高电池效率。阳极极化主要受到阳极材料的催化活性、微观结构、形貌、阳极孔隙率、阳极孔隙尺寸以及孔隙分布的影响，其中孔隙是通过影响气体在高温的有效传输来影响阳极极化的。目前发展比较成熟的材料主要是 Ni 基金属陶瓷阳极，包括 Ni/YSZ、Ni/GDC、Ni/SDC 等，Ni 基阳极材料不仅对燃料的催化性能好，而且电子电导率高，成本低。据报道，在 1000℃时，金属 Ni 的电子电导率为 2×10^5S/cm，Ni/YSZ 复合阳极的电子电导率在 $10^2\sim10^4$S/cm。在复合阳极中，金属 Ni 起到催化和电子传导作用，而 YSZ 陶瓷相的加入一方面提供了氧离子的传导路径，将三相界面拓展到阳极区；另一方面，YSZ 的加入降低了阳极的热膨胀系数，使得阳极能够与电解质材料相匹配。另外，在 SOFC 长期服役过程中，金属 Ni 的粗化是其性能衰减的原因之一，而 YSZ 的加入可以有效抑制 Ni 的粗化。图 2-3 为典型的 Ni/YSZ 阳极侧三相界面反应示意图。此时阳极三相界面反应的公式可以用式(2-1)表示。

$$H_2+O_{YSZ}^{2-} \rightleftharpoons H_2O+2e'+V''_{O,YSZ} \tag{2-1}$$

式中，O_{YSZ}^{2-} 和 $V''_{O,YSZ}$ 分别指 YSZ 电解质晶格中的氧离子和氧空位。

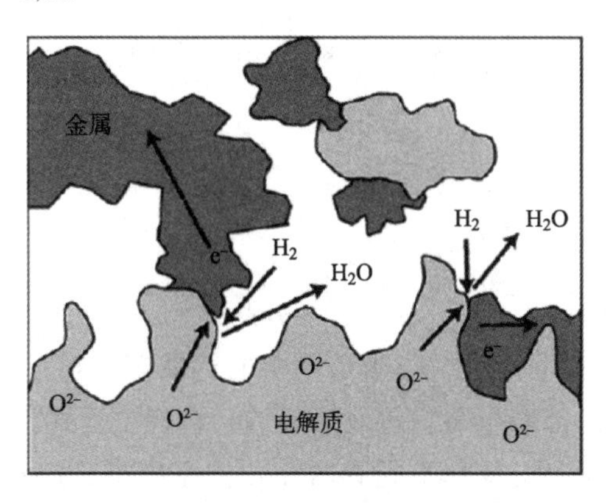

图 2-3　典型的阳极侧三相界面反应示意图

2.2.2　SOFC 阴极材料

SOFC 工作过程中，氧化性气体如氧气和空气，通过阴极侧进入，氧分子结合电子被还原为氧离子，氧离子通过电解质传输到阳极一侧，与燃料发生反应。可以看出，阴极在高温氧化环境下工作，其材料必须具备如下条件。

（1）较高的氧催化活性。阴极的催化反应主要是氧的还原反应，阴极材料必须具备较高的氧还原催化活性，以保证电池的输出性能。

（2）较高的电子电导率。研究表明，阴极极化是中低温 SOFC 极化的重要方面。阴极材料必须具备足够高的电子电导率才能降低整个电池的极化电阻。

（3）较好的稳定性。阴极材料需要在高温氧化环境下具有较好的稳定性，才能保证整个 SOFC 运行的稳定性。

（4）化学相容性。阴极层与电解质层相互接触，因此，阴极材料需要与电解质材料在电池工作温度下具有良好的化学相容性。

（5）多孔结构。阴极层是氧分子的催化反应场所，多孔的结构能保证氧分子的顺利传输。

SOFC 最早采用贵金属作为阴极，如银、铂、钯。这类贵金属材料对氧分子有一定的催化活性，且具备较高的电子电导率和稳定性。然而，由于其价格昂贵，且容易发生电极中毒，因此，贵金属阴极在商业化 SOFC 中的应用受到限制。随着研究的深入，贵金属阴极逐渐被钙钛矿结构的阴极所替代。图 2-4 所示为钙钛矿结构示意图。

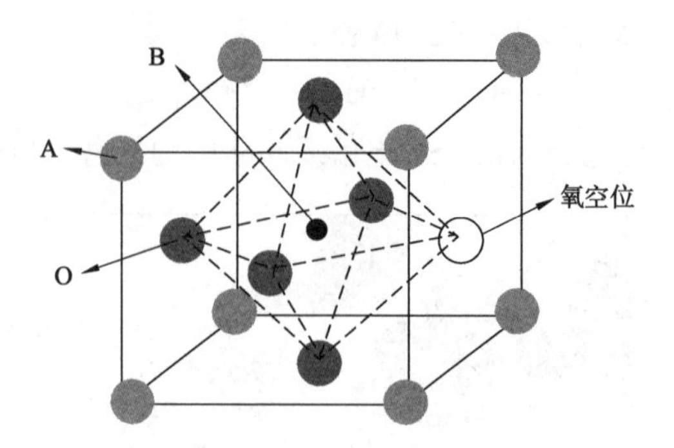

图 2-4 ABO_3钙钛矿结构示意图

镧锶锰(LSM)是最早被用作 SOFC 阴极的钙钛矿材料，它是 $LaMnO_3$中 Sr 部分取代 La 位，而在内部产生氧空位而形成的，取代方程式如式(2-2)所示。LSM 电子电导率值随 Sr 的掺杂量的不同有所变化。据报道，LSM 的电子电导率与掺杂量和氧分压有关。研究者对其在 1000℃以下的电子电导率与 Sr 掺杂量和温度的关系进行了测量，当氧分压保持不变时，LSM 的电子电导率与 Sr 的掺杂量呈现一定的关系，如图 2-5 所示，可以看出当 $x=0.5$，即 Sr 掺杂量为 50%时，其电导率达到最大值，而未经掺杂的材料，其电导率呈现最低。另外，LSM 的电导率与温度的关系也非常密切，随着温度的下降，其电导率也急剧下降，在 800℃以下表现出较低的水平。LSM 除了具有较高的电子电导率外，其也具有较高的氧

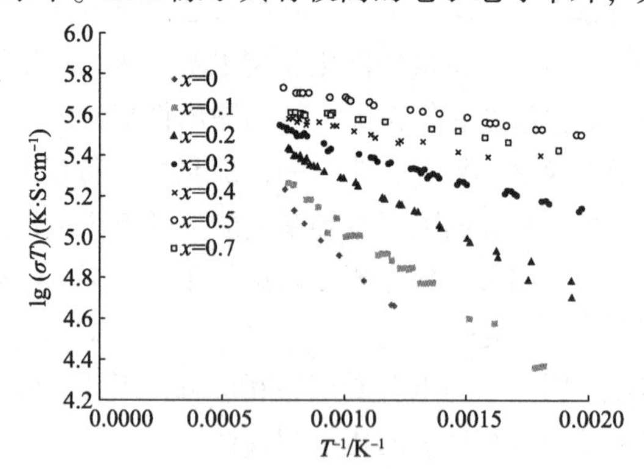

图 2-5 不同 Sr 掺杂的 $La_{1-x}Sr_xMnO_{3-\delta}(0\leqslant x\leqslant 0.7)$的电导率($\delta$)
随温度变化的关系(纯氧环境下，$p_{O_2}=1bar$)

催化活性，然而，研究结果显示 LSM 的氧催化活性也随温度的降低而急剧下降，在 800℃以下难以得到应用。未掺杂的 $LaMnO_3$ 呈现正交结构，经过 Sr 的掺杂后，结构转变为菱方结构。

$$SrO+\frac{1}{2}O_2 \xrightleftharpoons{LaMnO_3} 2Sr'_{La}+Mn'_{Mn}+3O_o^{\times} \tag{2-2}$$

鉴于 LSM 材料体系中低温下难以获得应用，研究者对中低温下可应用的材料进行了探索与研究。研究结果表明，对于 ABO_3 型钙钛矿结构的阴极材料而言，A 位元素的活性决定界面产物的生成，而 B 位元素的活性对整个阴极的活性至关重要。B 位元素，除 Mn 以外，还可以采用 Co、Ni、Fe、Cr 等，这几种材料的阴极催化活性有所不同，研究结果表明，其阴极催化活性顺序为：Co>Ni>Mn>Fe>Cr。因此，$La_{1-x}Sr_xCoO_{3-\delta}$ 的催化活性和电导率最佳。但是这些 Co 基材料钙钛矿型氧化物阴极材料往往具有高的热膨胀系数，远高于常用的 ZrO_2 基材料的热膨胀系数($0.9\sim1.1\times10^{-5}K^{-1}$)。基于 $La_{1-x}Sr_xCoO_{3-\delta}$ 的这些特点，研究者希望通过 A 位和 B 位的共掺杂来优化材料综合性能。比如，通过在 A 位掺入 Sr，在 B 位掺入 Fe 构成双掺杂的材料 $La_{1-x}Sr_xCo_{1-y}Fe_yO_{3-\delta}$(LSCF)。研究结果表明，通过在 B 位掺杂 Fe 元素组成 LSCF，热膨胀系数迅速下降，比如，$La_{0.6}Sr_{0.4}Co_{0.2}Fe_{0.8}O_3$(LSCF) 在 700℃的热膨胀系数降低到 $1.38\times10^{-5}K^{-1}$。另外，LSCF 本身具有一定的离子电导率，因此，LSCF 成了中温 SOFC 的优良离子-电子混合传导率的阴极材料。

除此之外，研究者对几种不同 A 位元素的取代进行了研究。研究结果表明，对于 $Ln_{1-x}Sr_xCo_{1-y}Fe_yO_{3-\delta}$(Ln=La，Pr，Nd，Sm，Gd)体系而言，随着掺杂元素与掺杂量的不同，各种材料的热膨胀系数和电导率都是有所差异的，见表 2-1。从表中可以看出，当 Sr 和 Fe 的掺杂量一定时，Ln 分别为 La、Pr、Nd、Sm 时，其热膨胀系数依次呈下降趋势，而当掺杂元素为 La 时，其在中温下，电子电导率最大。另外，相比于 $La_{0.6}Sr_{0.4}Co_{0.2}Fe_{0.8}O_3$，$La_{0.4}Sr_{0.6}Co_{0.8}Fe_{0.2}O_3$ 的电子电导率更高，然而后者的热膨胀系数达到了 $16.2\times10^{-6}K^{-1}$，与电解质材料的热膨胀系数差别较大，因此，目前 $La_{0.6}Sr_{0.4}Co_{0.2}Fe_{0.8}O_3$ 的应用比较广泛。

表 2-1　$Ln_{1-x}Sr_xCo_{1-y}Fe_yO_{3-\delta}$ 材料体系的混合离子-电子导电性能和热膨胀系数

样品组成	热膨胀系数/($\times10^{-6}K^{-1}$)	σ_e/(S/cm)(600~800℃)	σ_{ion}
$La_{0.6}Sr_{0.4}Co_{0.2}Fe_{0.8}O_3$	14.9(100~700℃)	388~443	0.022
$Pr_{0.6}Sr_{0.4}Co_{0.2}Fe_{0.8}O_3$	14.2(100~750℃)	218~364	0.023
$Nd_{0.6}Sr_{0.4}Co_{0.2}Fe_{0.8}O_3$	13.2(100~700℃)	219~323	0.024
$Sm_{0.6}Sr_{0.4}Co_{0.2}Fe_{0.8}O_3$	13.7(100~580℃)	72~131	0.026

续表

样品组成	热膨胀系数/($\times10^{-6}K^{-1}$)	σ_e/(S/cm)(600~800℃)	σ_{ion}
$La_{0.4}Sr_{0.6}Co_{0.8}Fe_{0.2}O_3$	16.2(100~650℃)	1108~1395	0.023
$Pr_{0.4}Sr_{0.6}Co_{0.8}Fe_{0.2}O_3$	18.5(100~700℃)	962~1222	0.026
$Nd_{0.4}Sr_{0.6}Co_{0.8}Fe_{0.2}O_3$	17.8(100~720℃)	757~1075	0.028
$Sm_{0.4}Sr_{0.6}Co_{0.8}Fe_{0.2}O_3$	19.3(100~700℃)	671~997	0.032

2.2.3 SOFC 电解质材料

SOFC 中电解质是其最核心的部件，一方面在阴阳极之间传递氧离子，另一方面隔绝燃料和氧化剂，防止阴阳极直接接触并发生燃烧反应。因此，作为电解质材料需要具备如下要求。

(1) 在工作温度下，电解质材料需要具有较高的离子电导率(~0.1S/cm)和较低的电子电导率(电子迁移数$<10^{-3}$)，既能够有效传递氧离子，又能使电池具有较高的开路电压；

(2) 在工作温度和较宽的氧分压范围内保持热动力学和化学稳定性(氧分压范围为$1\sim10^{-22}$atm)；

(3) 在电池制备和服役过程中与电极材料良好的化学相容性；

(4) 与电极材料良好的热膨胀匹配。

除了以上特点外，电解质还需要具有一定的机械强度和较高的气密性。SOFC 的气密性测试可以参考现行的测试标准：GB/T 1038—2000(见附录)。在电极支撑电池中，电解质材料的厚度应尽量薄以降低整个电池内阻。电解质离子电导率和隔膜厚度决定着离子传输内阻，同时也在很大程度上决定着电池的工作温度。作为传统 SOFC 电解质材料的 8mol% Y_2O_3稳定的 ZrO_2(8YSZ)，Y_2O_3的掺杂可以在 ZrO_2中产生氧空位，如式(2-3)，可以看出，每掺杂两个 Y 原子，可以产生一个氧空位。YSZ 的突出优点是具有较高的氧离子电导率和可以忽略的电子电导率，且在很宽的氧分压范围内可以保持稳定，并且 8YSZ 具有良好的相容性和力学性能，且价格低廉。但是其缺点是在温度低于 800℃时，电导率迅速下降，因此 YSZ 不适合在中低温范围内使用。研究人员进一步发现，Sc_2O_3掺杂的 ZrO_2(ScSZ)在中低温下的离子电导率明显优于 YSZ，且性能稳定。

$$Y_2O_3(ZrO_2)\longrightarrow 2Y'_{Zr}+3O_o^x+V_o \qquad (2-3)$$

对 CeO_2进行稀土金属氧化物(Sm_2O_3、Gd_2O_3、Yb_2O_3等)掺杂后，能够生成具有一定浓度的氧空位的萤石型固溶体结构，形成氧离子导体。掺杂的 CeO_2固体氧化物最大的特点就是在中温范围内仍具有高的氧离子电导率，其中 10mol%

Sm_2O_3掺杂的 CeO_2(SDC)在 500℃ 和 700℃ 的电导率分别为 0.0029S/cm 与 0.035S/cm。该电解质材料的缺点在于在还原气氛下，CeO_2中的 Ce^{4+}很容易被还原为 Ce^{3+}，在电解质内部产生了电子电导，从而造成电子流过电解质引起电池电压低于理论电压。

20 世纪 90 年代，双掺杂的 $LaGaO_3$电解质一经报道，即引起研究学者的关注。双掺杂的 $La_{0.9}Sr_{0.1}Ga_{0.8}Mg_{0.2}O_{3-\delta}$电解质在 800℃时的氧离子电导率值与 YSZ 在 1000℃的离子电导率相当。$LaGaO_3$钙钛矿结构的氧化物(ABO_3)属立方晶型，是中温 SOFC 应用广泛的钙钛矿结构的电解质材料。

最早的研究表明，通过掺杂可以在 $LaGaO_3$中产生氧空位，促进氧离子迁移，进而可以提高氧离子电导率。研究者早期的研究集中于 A 位的掺杂，结果表明，对于 Sr、Ca、Ba 的掺杂而言，当采用 Sr 掺杂时，电导率最高。主要是由于在掺杂离子中，Sr 的离子半径与 $LaGaO_3$中 La 的离子半径非常接近，从而基于 Sr 掺杂时能够得到较高的电导率。随着 Sr 含量的增加，氧离子电导率也相应增加，又进一步通过二价离子取代晶体结构中的 Ga^{3+}位置来进一步增加氧空位，Mg 取代 Ga 可明显提高氧离子电导率。Sr 和 Mg 掺杂的 $LaGaO_3$基电解质(LSGM)，中温下具有较高的氧离子电导率，$La_{0.9}Sr_{0.1}Ga_{0.8}Mg_{0.2}O_{3-\delta}$电解质在 800℃时的氧离子电导率可达 0.1S/cm。另外，LSGM 在很宽的氧分压范围内都能保持成分相对稳定。LSGM 电解质材料被认为是极具应用潜力的中温 SOFC 电解质材料。

SOFC 常用电解质材料在不同温度下的电导率如图 2-6 所示。从图中可以看出，在 600~800℃范围内，掺杂 CeO_2的电解质材料的电导率最高，但是它们由于具有较高的电子电导而应用受到了限制。LSGM 电解质材料表现出的高氧离子电导率可忽略的电子电导率以及优良的稳定性而成为具有非常大的应用潜力的中温 SOFC 电解质材料。YSZ 的电导率最低，因此不适合中温下使用。

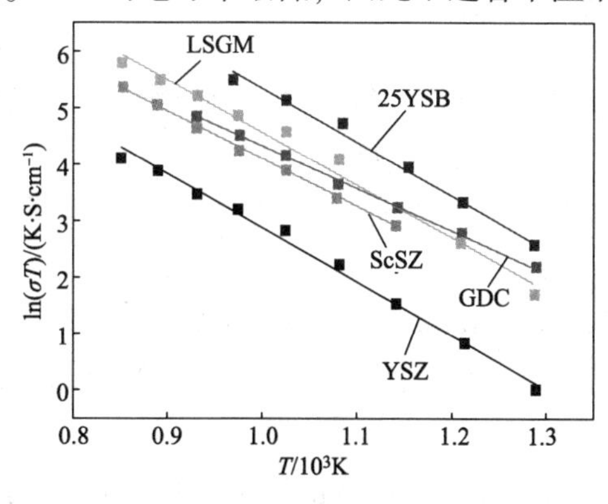

图 2-6 SOFC 常用电解质材料在不同温度下的电导率

2.3 主要参考文献

[1] Singhal SC. High Temperature Solid Fuel Cells: Fundamentals, Design and Application[M]. Elsevier, 2004.

[2] Yamamoto O. Solid oxide fuel cells: fundamental aspects and prospects[J]. Electrochim Acta, 2000, 45(15-16): 2423-2435.

[3] Minh NQ. Solid oxide fuel cell technology-features and applications[J]. Solid State Ion, 2004, 174(1-4): 271-277.

[4] Naoumidis A, Ahmad-Khanlou A, Samardzija Z, et al. Chemical interaction and diffusion on interface cathode/electrolyte of SOFC [J]. Fresen J Anal Chem, 1999, 365(1-3): 277-281.

[5] Rousseau F, Awamat S, NAcravech M, et al. Deposit of dense YSZ electrolyte and porous NiO-YSZ anode for SOFC device by a low pressure plasma process [J]. Surf Coat Tech, 2007, 202(4-7): 1226-1230.

[6] Xia C, Li Y, Tian Y, et al. Intermediate temperature fuel cell with a doped ceria-carbonate composite electrolyte[J]. J Power Sources, 2010, 195(10): 3149-3154.

[7] Fan LD, He CX, Zhu B. Role of carbonate phase in ceria-carbonate composite for low temperature solid oxide fuel cells: A review[J]. Int J Energ Res, 2017, 41(4): 465-481.

[8] An J, Kim YB, Park J, et al. Three-dimensional nanostructured bilayer solid oxide fuel cell with 1.3 W/cm^2 at 450℃ [J]. Nano Lett, 2013, 13(9): 4551-4555.

[9] M. V. D. Bossche, S. Mcintosh. Direct Hydrocarbon Solid Oxide Fuel Cells[J]. Chemical Reviews, 2004, 35, 4845-4865.

[10] Spacil HS. Electrical device including nickel-containing stabilized zirconia electrode. US Patent; 1970.

[11] Ramırez-Cabrera E, Atkinson A, Chadwick D. Catalytic steam reforming of methane over $Ce_{0.9}Gd_{0.1}O_{2-\delta}$[J]. Appl Catal B: Environ, 2004, 47: 127-31.

[12] Neelima Mahato, Amitava Banerjee, Alka Gupta, et al.. Progress in material selection for solid oxide fuel cell technology: A review[J], Progress in Materials Science, 2015, 72: 141-337.

[13] W. Z. Zhu, S. C. Deevi. A review on the status of anode materials for solid oxide fuel cells [J]. Materials Science and Engineering A, 2003, 362, 228–239.

[14] Kao W–X, Lee M–C, Chang Y–C, Lin T–N, Wang C–H, Chang J–C. Fabrication and evaluation of the electrochemical performance of the anode–supported solid oxide fuel cell with the composite cathode of $La_{0.8}Sr_{0.2}MnO_3$–Gadolinia–doped ceria oxide/$La_{0.8}Sr_{0.2}MnO_3$ [J]. J Power Sour 2010; 195: 6468–72.

[15] Li S, Lü Z, Wei B, Huang X, Miao J, Cao G, et al. A study of $(Ba_{0.5}Sr_{0.5})_{1-x}Sm_xCo_{0.8}Fe_{0.2}O_{3-\delta}$ as a cathode material for ITSOFCs[J]. J Alloys Comp 2006, 426: 408–14.

[16] Veen ACv, Rebeilleau M, Farrusseng D, Mirodatos C. Studies on the performance stability of mixed conducting BSCFO membranes in medium temperature oxygen permeation[J]. Chem Commun 2003, 9: 32–3.

[17] Möbius H–H. On the history of solid electrolyte fuel cells[J]. J Solid State Electrochem 1997, 1: 2–16.

[18] Kleitz M, Dessemond L, Kloidt T, Steil MC. Space expansions of the regular oxygen electrode reaction on YSZ – II Silver electrode [C]. In: Dokiya M, Yamamoto O, Tagawa H, Singhal SC, editors. 4th International symposium of solid oxide fuel cells. Yokohoma (Japan): The Electrochemical Society, Pennington(NJ); 1995, 527–536.

[19] Button DD, Archer D. Development of $La_{1-x}Sr_xCoO_3$ air electrodes for solid electrolyte fuel cells[C]. In: American Ceramic Society Meeting. Washington; 1966.

[20] Jiang SP. Development of lanthanum strontium manganite perovskite cathode materials of solid oxide fuel cells: a review [J], J Mater Sci, 2008, 43: 6799–833.

[21] Sun C, Hui R, Roller J. Cathode materials for solid oxide fuel cells: a review [J]. J Solid State Electrochem, 2010, 14: 1125–44.

[22] Shannon RD. Revised effective ionic radii and systematic studies of interatomic distances in halides and chalcogenides[J]. Acta Crystall Sect A, 1976, 32: 751–67.

[23] Mizusaki J, Yonemura Y, Hiroyuki Kamata, Ohyama K, Mori N, Takai H, et al. Electronic conductivity, Seebeck coefficient, defect and electronic structure of nonstoichiometric $La_{1-x}Sr_xMnO_3$[J]. Solid State Ionics 2000, 132: 167–80.

[24] 夏正才，唐超群，周东祥．掺杂量对 $La_{1-x}Sr_xMnO_{3-\delta}$离子导电性能的影响[J]．功能材料，2000，31(2)：155-156.
[25] 林维明，燃料电池系统[M]．北京：化学工业出版社，1996，120-122.
[26] Tu HY，Takeda Y，Imanishi N，et al. $Ln_{1-x}Sr_xCoO_3$(Ln = Sm，Dy) for the electrode of solid oxide fuel cells[J]. Solid State Ion，1997，97(40)：394-403.
[27] Kostogloudis GC，Ftikos C. Properties of A-site-deficient $La_{0.6}Sr_{0.4}Co_{0.2}Fe_{0.8}O_{3-\delta}$-based perovskite oxides[J]. Solid State Ion，1999，126(1-2)：143-151.
[28] F. Riza，C. Ftkos，F. Tieta，et al.. Preparation and characterization of $Ln_{0.8}Sr_{0.2}Fe_{0.8}Co_{0.2}O_{3-\delta}$(Ln = La，Pr，Nd，Sm，Eu，Gd)[J]. J. Eur. Ceram. Soc.，2001，21：1769-1773.
[29] 黄端平，徐庆，陈文，等．复合氧化物的混合导电性能与热膨胀性能研究[J]．中国稀土学报，2005，23：92-96.
[30] Minh NQ. Ceramic fuel cells[J]. J Am Ceram Soc 1993，76：563-588.
[31] Etsell TH，Flengas SN. The electrical properties of solid oxide electrolytes[J]. Chem Rev 1970，70：339-376.
[32] Badwal SPS，Ciacchi FT. Oxygen-ion conducting electrolyte materials for solid oxide fuel cells[J]. Ionics 2000，6：1-21.
[33] Inaba H，Tagawa H. Ceria based solid electrolytes[J]. Solid State Ionics 1996，83：1-16.
[34] Milliken C，Guruswamy S，Khandkar A. Evaluation of ceria electrolytes in solid oxide fuel cells electric power generation[J]. J Electrochem Soc，1999，146(3)：872-882.
[35] Doshi R，Richards VL，Carter JD，et al. Development of solid-oxide fuel cells that operate at 500℃[J]. J Electrochem Soc，1999，146(4)：1273-1278.
[36] Ishihara T，Matsuda H，Takita Y. Doped $LaGaO_3$ Perovskite-type oxide as a new oxide ionic conductor[J]. J Am Chem Soc，1994，116(9)：3801-3803.
[37] Hayashi H，Inaba H，Matsuyama M，Lan NG，Dokiya M，Tagawa H. Structural consideration on the ionic conductivity of perovskite-type oxides[J]. Solid State Ionics 1999，122：1-15.
[38] Stevenson JW，Armstrong TR，Pederson LR，Li J，Lewinsohn CA，Baskaran S. Effect of A-site cation nonstoichiometry on the properties of doped lanthanum gallate[J]. Solid State Ionics 1998；113-115：571-83.

[39] Anderson PS, Marques FMB, Sinclair DC, West AR. Ionic and electronic conduction in $La_{0.95}Sr_{0.05}GaO_{3-\delta}$, $La_{0.95}Sr_{0.05}AlO_{3-\delta}$ and $Y_{0.95}Sr_{0.05}AlO_{3-\delta}$[J]. Solid State Ionics, 1999, 118: 229-839.
[40] Sung Chul Park, Jong Jin Lee, Seung Ho Lee, Jooho Moon. Design and preparation of SOFC unit cells using scandia-stabilized zirconia electrolyte for intermediate temperature operation [J], Journal of Fuel Cell Science and Technology, 2011, 8(4): 044501.

3 LSGM基固体氧化物燃料电池及其制备概述

3.1 LSGM基固体氧化物燃料电池研究进展

3.1.1 LSGM电解质材料应用的局限性

目前，LSGM电解质层的制备方法主要是传统的粉末烧结法，如流延成型、丝网印刷、旋涂、提拉成膜法等，这些方法普遍具有成本较低、生产周期短、工艺简单等特点，在大面积平板SOFC制备中占有重要地位。虽然粉末烧结方法工艺简单，但是通常都需要经过后续的高温热处理。如制备氧化锆基电解质层时，烧结温度高达1200~1400℃。高温热处理往往会带来电池弯曲、废品率高等问题，且只能选择造价高昂的陶瓷连接极。而LSGM电解质更难烧结，烧结温度通常在1400℃以上。图3-1为采用高温烧结方法得到的电解质层的微观组织结构图，其中，图3-1(a)为经过1400℃高温烧结制备得到的ScSZ电解质微观组织结构图，图3-1(b)为经过1400℃高温烧结制备得到的LSGM电解质微观组织结构图。

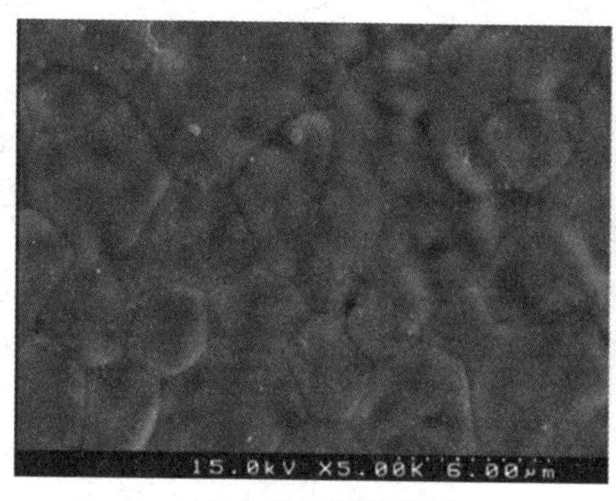

(a) ScSZ微观组织结构图

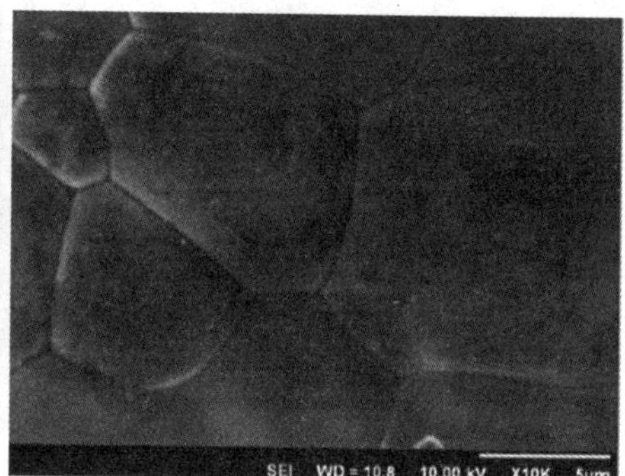

(b) LSGM微观组织结构图

图3-1　高温烧结法制备得到的两种电解质的微观组织结构图

当采用烧结的方法制备LSGM时，在高温烧结过程中，其本身很容易产生杂相。Lee等通过甘氨酸-硝酸盐燃烧法合成了不同成分的$La_{1-x}Sr_xGa_{1-y}Mg_yO_{3-\delta}$粉末($x$，$y$=0.1或0.2)，并对粉末高温烧结过程中的相结构变化进行了研究。图3-2为烧结温度对$La_{1-x}Sr_xGa_{1-y}Mg_yO_{3-\delta}$($x$=0.2，$y$=0.2)以及$La_{1-x}Sr_xGa_{1-y}Mg_yO_{3-\delta}$($x$=0.1，$y$=0.2)相结构的影响，可以看出，当热处理温度不同时，材料中产生的杂相也不尽相同，当热处理温度为1400℃时，产生的杂相的数量较少，几乎可以忽略。

另外，LSGM与各电极之间的极易发生界面反应，并且随粉末制备方法与掺杂量的不同，产生杂相的温度也不尽相同。Lee等将$La_{1-x}Sr_xGa_{1-y}Mg_yO_{3-\delta}$($x$=0.2，$y$=0.2)与电极材料均匀混合后，通过高温热处理对其化学兼容性进行研究。图 3-3 所示为 LSGM 与电极材料均匀混合共烧结后的相结构图。可以看出，LSGM 与两种电极材料的混合物均存在化学不兼容的现象，即 LSGM 与阳极材料 NiO 以及阴极材料 LSM 均会发生高温反应生成杂相。杂相的存在会显著降低 LSGM 电解质材料的电导率。因此，降低 LSGM 电解质层的制备温度可以使这些问题得到解决。首先，LSGM 电解质层的低温制备可以有效避免高温烧结过程中与 Ni 基阳极发生不良界面反应；其次，可以降低甚至避免 LSGM 本身在高温制备过程中产生的杂相。除此之外，LSGM 电解质的低温制备有望实现整个 SOFC 电池的低温制备。

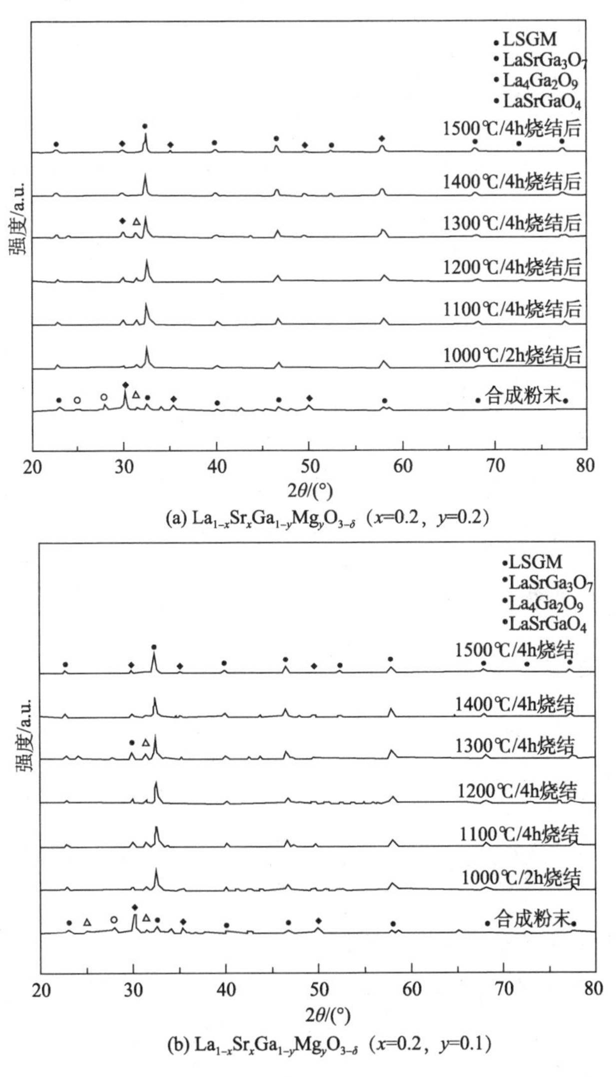

(a) $La_{1-x}Sr_xGa_{1-y}Mg_yO_{3-\delta}$（$x$=0.2，$y$=0.2）

(b) $La_{1-x}Sr_xGa_{1-y}Mg_yO_{3-\delta}$（$x$=0.2，$y$=0.1）

图 3-2　不同热处理温度下，两种成分 $La_{1-x}Sr_xGa_{1-y}Mg_yO_{3-\delta}$ 相结构变化

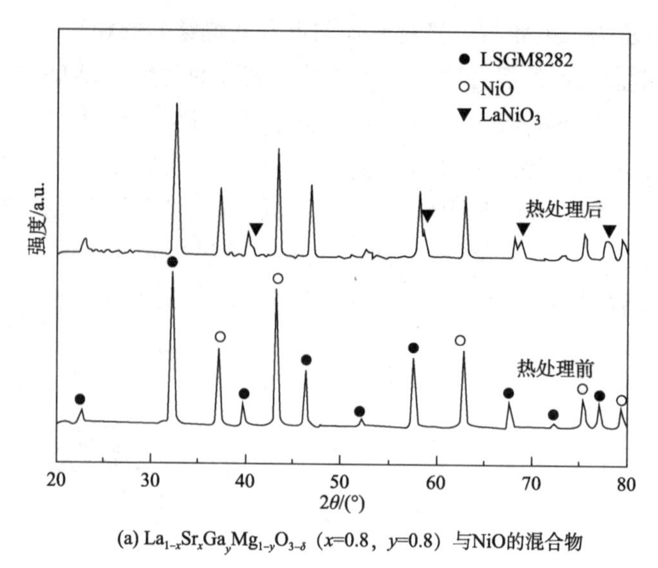

(a) $La_{1-x}Sr_xGa_yMg_{1-y}O_{3-\delta}$（$x$=0.8，$y$=0.8）与NiO的混合物

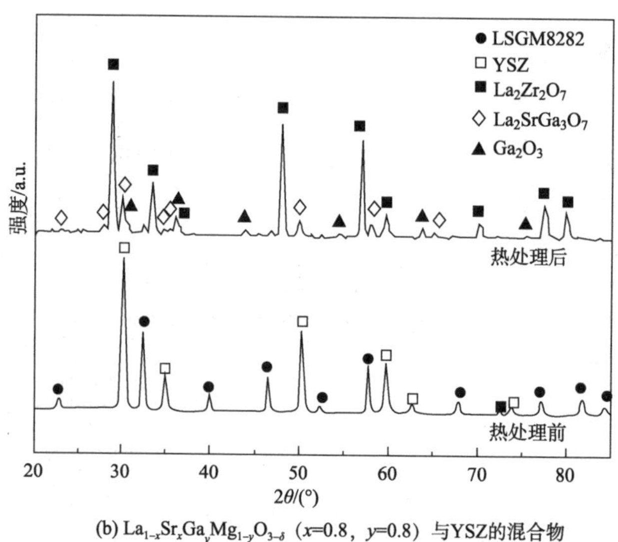

(b) $La_{1-x}Sr_xGa_yMg_{1-y}O_{3-\delta}$（$x$=0.8，$y$=0.8）与YSZ的混合物

图 3-3　两种混合物 1400℃/4h 热处理前后的相结构图

3.1.2　LSGM 的低温化制备研究进展

目前，对 LSGM 电解质层低温制备方面的研究主要集中在两个方面。一方面，在合成 LSGM 过程中，通过添加烧结助剂，有效降低烧结温度，促进其在低温下的烧结；另一方面，基于新型涂层致密化技术，优化工艺参数，实现 LSGM 电解质层的低温制备。

在烧结过程中，通过添加烧结助剂可以促进降低烧结致密化温度或缩短烧结致密化时间。研究者采用多种金属氧化物作为烧结助剂，研究了金属离子氧化物种类对 LSGM 烧结特性的影响。同时，分析了金属氧化物类型对 LSGM 致密化程度和离子电导率的影响。金属氧化物包括 Co_2O_3、Fe_2O_3、MnO_2、CuO、V_2O_3等，金属氧化物主要通过金属离子的 B 位掺杂来影响 LSGM 的烧结特性。同时，研究结果显示，通过 Co 离子的掺杂可以促进氧离子的迁移，从而提高材料的氧离子电导率。另外，Fe 离子的掺杂在提高 LSGM 电导率的同时，也提高了 LSGM 的相稳定性。

韩国科学家 Ha 等系统地研究了 14 种不同的金属离子掺杂 LSGM 后对其烧结行为、相结构以及电导率的影响。金属离子包括 Mn、Fe、Co、Ni、Cu、B、Li 等，它们以氧化物或硝酸盐的形式与 LSGM 粉末均匀混合后，进行高温热处理，对 LSGM 的致密度、相结构以及电导率的影响进行研究，分别如图 3-4、图 3-5 和图 3-6 所示。图 3-4 为采用不同的金属氧化物作为烧结助剂时，分别在 1200℃和 1300℃对块材进行热处理后，LSGM 样品的表观密度。可以看出，当烧结温度为 1200℃时，B、Li、V、Zn、Cu、Si、Ca、Fe、Ni、Bi、Co 等元素的金属氧化物烧结助剂可以提高 LSGM 样品的表观密度，而 Mn、Al 和 Ba 的金属氧化物作为烧结助剂时，样品的表观密度低于 LSGM 本身的表观密度。当烧结温度为 1300℃时，Li、V、Mn、Cu、Fe、Ni、Co 等元素的金属氧化物烧结助剂可以提高 LSGM 样品的表观密度，而 Si、Al、Ba、Ca、Zn、Bi 和 B 的金属氧化物作为烧结助剂时，样品的表观密度低于 LSGM 本身的表观密度。

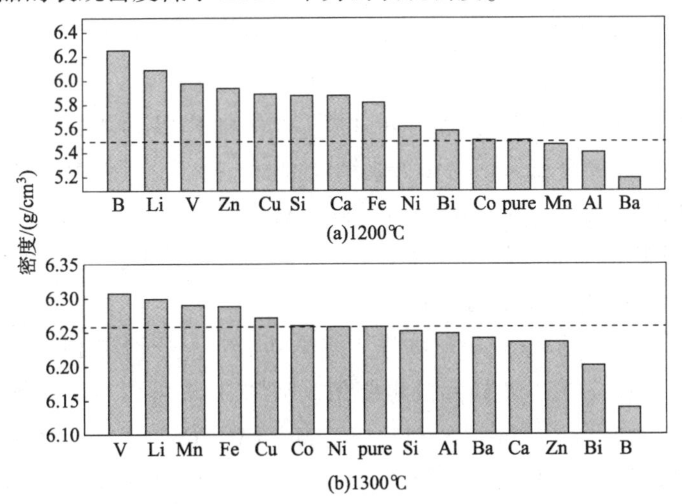

图 3-4 基于不同金属氧化物作为烧结助剂在两种烧结温度下 LSGM 样品的表观密度

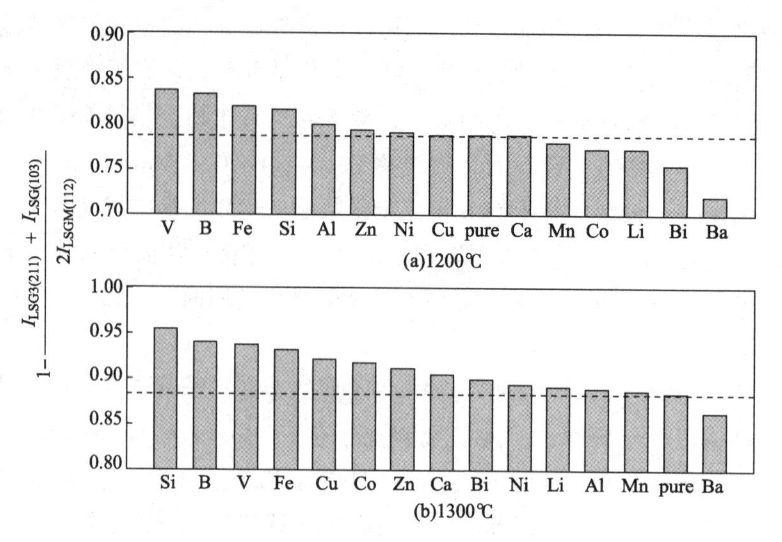

图 3-5　基于不同金属氧化物作为烧结助剂在两种烧结温度下 LSGM 样品的相纯度

图 3-4 为采用不同金属氧化物作为烧结助剂时，分别在 1200℃和 1300℃对块材进行热处理后，LSGM 样品的相纯度。相纯度用 *PP* 因子表示，数值是基于两种第二相 $LaSrGa_3O_7$和 $LaSrGaO_4$对应的衍射峰强度之和与 LSGM 相的最强衍射峰强度的比进行计算而得到，如式(3-1)所示。

$$PP=1-\frac{I_{LSG3(211)}+I_{LSG(103)}}{2I_{LSGM(112)}} \tag{3-1}$$

式中，$I_{LSG3(211)}$、$I_{LSG(103)}$、$I_{LSGM(112)}$分别指 $LaSrGa_3O_7$的(211)衍射峰强、$LaSrGaO_4$的(103)衍射峰强、LSGM 的(112)衍射峰强。

从图 3-5 可以看出，当烧结温度为 1200℃时，B、V、Si、Fe、Ni、Cu、Al、Zn 等元素的金属氧化物烧结助剂可以提高 LSGM 样品的相纯度，而 Ca、Mn、Co、Li、Bi 和 Ba 的金属氧化物作为烧结助剂时，降低了 LSGM 的相纯度。当烧结温度为 1300℃时，Li、V、Mn、Cu、Fe、Ni、Co、Si、Al、Ca、Zn、Bi 和 B 元素的金属氧化物烧结助剂可以提高 LSGM 样品的表观密度，而 Ba 的金属氧化物作为烧结助剂时，降低了 LSGM 的相纯度。

图 3-6 为采用不同金属氧化物作为烧结助剂时，分别在 1200℃和 1300℃对块材进行热处理后，LSGM 样品的电阻值。从图 3-7 可以看出，当烧结温度为 1200℃时，Fe、V、Zn、Cu、Ca、Li、Si、Mn、Al、Co、B 等元素的金属氧化物烧结助剂降低了 LSGM 样品的电阻，进而提高了样品电导率，而 Ba、Ni 和 Bi 的金属氧化物作为烧结助剂时，降低了 LSGM 的电导率。当烧结温度为 1300℃时，Li、Fe、Zn、Co、Si、Cu、Al、Ni、Ca、Li、Mn 元素的金属氧化物烧结助剂降

低了 LSGM 样品的电阻，进而提高了 LSGM 的电导率；而 Bi、B 和 Ba 的金属氧化物作为烧结助剂时，降低了 LSGM 的电导率。

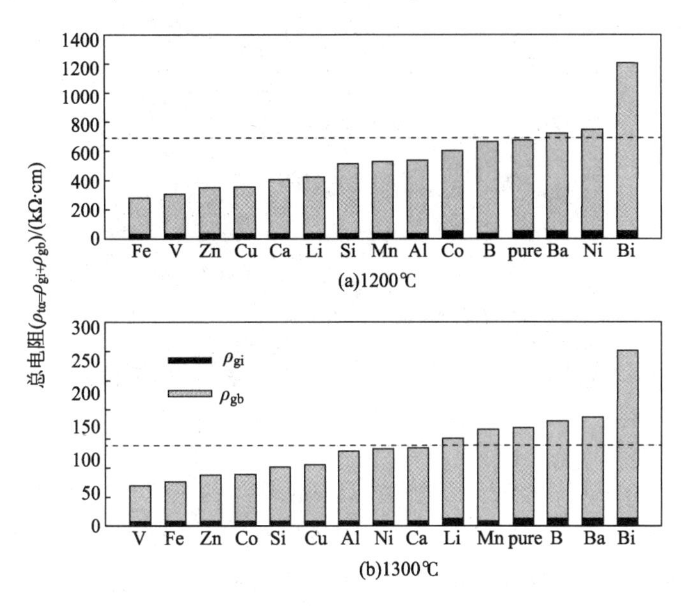

图 3-6　基于不同金属氧化物作为烧结助剂在两种烧结温度下 LSGM 样品的电阻值

因此，从图 3-4、图 3-5 和图 3-6 可以看出，Co、Fe、V、Zn 和 Si 的掺杂可以同时提高 LSGM 的致密度、相纯度以及电导率。其中，V 的掺杂对 LSGM 致密度的提升作用最为明显，且相纯度和电导率也有所提升，可能是由于使用低熔点氧化物 V_2O_5 掺杂 LSGM 时，V_2O_5 作为液相在烧结过程中促进了晶间传质，进一步促进了 LSGM 的烧结。

除了添加烧结助剂外，新型涂层致密化技术也为 LSGM 的致密化提供了新思路。比如，目前报道的技术主要包括先进的烧结技术，如放电等离子烧结技术、微波烧结技术、热等静压烧结技术等；同时也包括一些气相沉积技术，如脉冲激光沉积技术、激光溅射沉积技术等；除此之外，一些喷涂技术也可以实现 LSGM 的直接致密化，如大气等离子喷涂技术（APS）、超音速火焰喷涂技术（HVOF）以及真空冷喷涂技术（VCS）等。然而，就 LSGM 电解质的低温致密化而言，以上工艺方法中，先进涂层烧结技术和真空冷喷涂技术能够实现 LSGM 的低温致密化。比如，放电等离子体烧结技术是通过脉冲电流产生的等离子体对粉末进行加热，在加热的同时施加额外的压力，粉末得以快速烧结致密，能够降低材料的烧结温度。研究者基于放电等离子体烧结技术在 1300℃ 保温 5min 制备的 LSGM 样品的相对密度高达 94.7%，且制备的 LSGM 块材基本不含杂相，除此之外，测得的电导率高于传统烧结法在 1300℃ 制备的样品的电导率。放电等离子烧结制备的

LSGM 块材微观组织结构图如图 3-7 所示。

图 3-7　基于放电等离子烧结制备的 LSGM 块材微观组织结构图

另外，微波烧结技术基于微波对样品辅助烧结的方式，快速对样品进行升温加热，加热效率较高，在制备固体氧化物燃料电池的致密电解质方面具有一定的应用。研究者通过微波烧结技术对 LSGM 生坯在 1350℃热处理 20min，即获得相对密度为 95%的 LSGM 块体，同样样品不含第二相，同时晶粒发生了长大，典型微观组织结构如图 3-8 所示。还有部分研究者通过微波辅助烧结技术对大气等离子喷涂制备的 ZrO_2基涂层进行致密化处理，测得的涂层的电导率和致密度均得到提高。

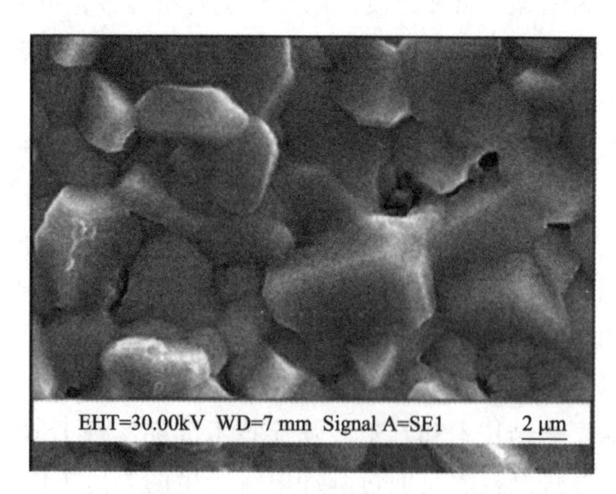

图 3-8　基于微波烧结技术制备的 LSGM 块材微观组织结构图

热等静压技术在坯体材料烧结过程中，同时采用高温高压，使得坯体低温短时间获得致密化。比如，研究者基于热等静压的方法对 LSGM 坯体进行 200MPa

压力下，1300℃热处理 1 小时，得到的样品的相对密度高达 99.6%，且块体中未发现第二相。另外，在烧结过程中控制烧结气氛也可促进 LSGM 的烧结。比如，研究者在 O_2气氛下进行 LSGM 样品的烧结，经过 1350℃高温热处理 5 小时，样品的相对密度可达 98%，相比之下，在空气气氛下进行相同温度和时间的烧结时，LSGM 块材的密度仅为 93%。基于热等静压技术制备得到的 LSGM 样品的典型微观组织形貌如图 3-9 所示。

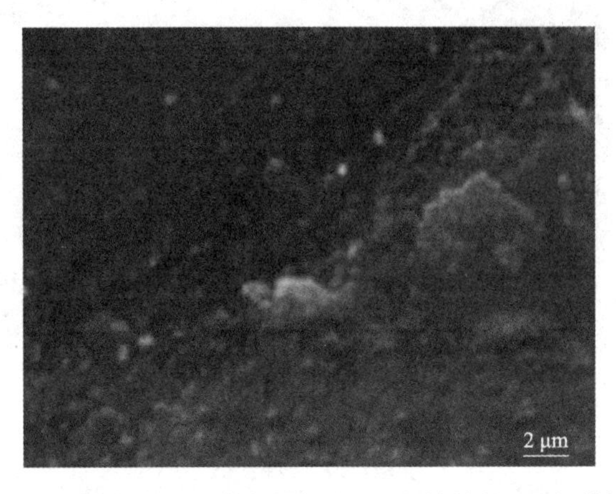

图 3-9　基于热等静压技术制备的 LSGM 块材微观组织结构图

3.1.3　真空冷喷涂技术用于陶瓷涂层的低温制备

真空冷喷涂技术与传统冷喷涂技术相似，也属于热喷涂技术的一种。冷喷涂技术在金属涂层或是金属陶瓷复合涂层低温制备方面获得成功，由于其沉积特点，难以直接用于陶瓷涂层的制备。日本先进工业科学与技术研究院的 Akedo 等基于“超微颗粒气体沉积法”的原理，提出可直接采用气体将陶瓷微粉末进行悬浮，在低压环境下，陶瓷微粉末经过在气体的携带作用下，经过喷嘴的加速后，直接以固态颗粒的形式撞击到基体表面而形成涂层。这种沉积过程称为室温下的碰撞沉积。由于真空冷喷涂低温沉积的特点，涂层的相结构能够保持与原始粉末一致，一般不会在沉积过程中产生杂相；同时该技术是基于微纳米颗粒的沉积，在 20μm 以下陶瓷薄膜的制备方面表现出较大的优势。基于真空冷喷涂技术的原理及特点，其已在陶瓷薄膜制备领域获得了应用。比如，在新能源材料与器件领域，西安交通大学的研究者基于该技术利用纳米 TiO_2粉末在室温下成功制备了用于染料敏化太阳能电池的多孔 TiO_2光阳极薄膜，组装电池的光电转化效率达到 7.1%。基于该技术在柔性塑料基体上也成功制备了多孔 TiO_2光阳极薄膜，电池获得了良好的光电转换效率和较长的弯曲寿命。此外，真空冷喷涂技术在固体氧化物燃料电池领域也取得了可喜的成果。韩国材料科学院的研究者基于该技术实现了纳米多孔 LSM-YSZ 复合阴极涂层以及纳米多孔 LSCF 阴极涂层的制备，并且制备得到的阴极涂层成功组装了固体氧化物燃料电池，电池获得了良好的输出性能。图 3-10 为基于真空冷喷涂技术制备的典型的多孔陶瓷涂层的微观结构形貌。

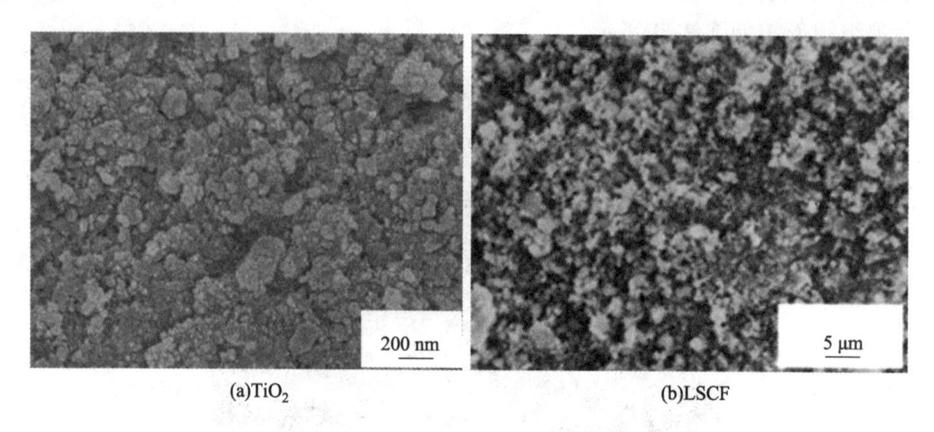

(a)TiO_2　　(b)LSCF

图 3-10　基于真空冷喷涂技术制备的涂层的表面微观结构图

真空冷喷涂陶瓷颗粒高速沉积过程中，颗粒会发生断裂、塑性变形，加之后续颗粒的压实作用，使得该技术能够实现致密陶瓷涂层的低温制备。在国外，真空冷喷涂在制备致密陶瓷涂层方面已见相关报道。例如，在微电子机械(MEMS)领域，真空冷喷涂法直接制备的锆钛酸铅(PZT)和铌钛酸铅-锆钛酸铅(PZN-PZT)陶瓷薄膜，结构致密，且表现出良好的铁电和压电性能。在防护领域，基于低温真空冷喷涂法成功制备了致密 Y_2O_3 防腐蚀涂层、Al_2O_3 耐磨涂层、$MnCo_2O_4$ 高温防护涂层等，这些防护涂层在一定程度上有效地保护了金属基体。另外，真空冷喷涂技术在制备全固态锂离子电池方面也进行了初步尝试。比如，基于真空冷喷涂技术制备的磷酸锂铝钛电解质涂层和锆酸锂镧电解质涂层，虽然这些电解质涂层的相对密度不到 90%，离子传导性能低于液态电解质，但是说明了该技术在全固态锂离子电池制备方面的可行性。另外，韩国的研究人员也尝试采用真空冷喷涂技术制备 SOFC 致密电解质涂层，比如，他们采用该技术制备了厚度 10μm 左右的致密 YSZ 涂层、LSGM 涂层以及 LSGMC 涂层。经过气密性测试，这些涂层都能够满足 SOFC 运行的要求，虽然目前电池性能有待提升，但是扩展了真空冷喷涂技术在 SOFC 低温制备领域的应用。图 3-11 为基于真空冷喷涂技术制备的致密陶瓷涂层的典型微观组织形貌。

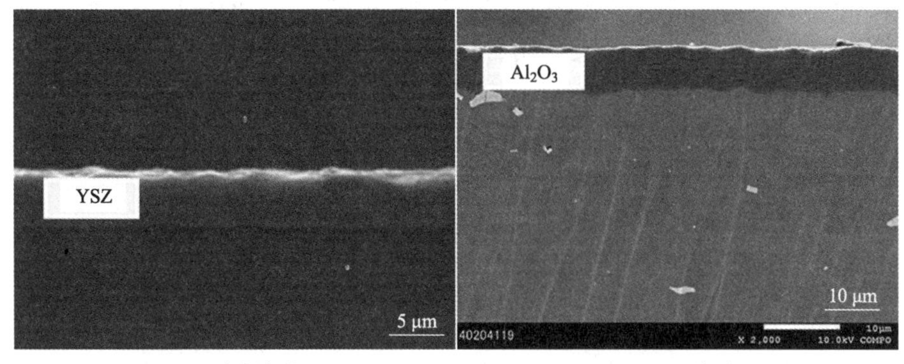

(a)YSZ防腐涂层 (b)Al_2O_3涂层

图 3-11 基于真空冷喷涂技术制备的陶瓷涂层的典型微观组织形貌图

将真空冷喷涂技术用于SOFC的多组分LSGM电解质层的制备具有显著优势。一方面真空冷喷涂技术具有沉积温度较低的特点，LSGM电解质制备过程中较低的温度可以有效避免或降低高温制备过程中LSGM与Ni基阳极由于界面反应而生成高电阻的第二相；另一方面，真空冷喷涂技术直接基于固态颗粒的沉积，这样即可有效避免多组分的LSGM材料发生化学计量比的变化。此外，真空冷喷涂技术可以实现电解质薄膜的高效率制备。在我国，真空冷喷涂技术起步较晚，虽然一些国内研究机构在多孔涂层的制备方面已经达到世界先进水平，比如，西安交通大学的研究人员制备的TiO_2光阳极涂层，其组装的太阳能电池光电性能已达世界先进水平，但是关于致密涂层的制备仍然处于探索阶段。利用真空冷喷涂技术制备高质量的LSGM这种多组分且容易产生杂质的电解质薄膜，同时降低制备温度，是目前面临的挑战。

3.1.4 LSGM基固体氧化物燃料电池稳定性研究进展

Ni基金属陶瓷阳极是目前应用最为广泛的SOFC阳极层，主要是因为该阳极燃料催化性能好，电子传导能力强，且制备工艺成熟，价格低廉，也是被应用到多数商用SOFC上。然而，对于LSGM基SOFC而言，当采用Ni基金属陶瓷作为阳极时，在高温下容易发生界面反应，生成高电阻的第二相。另外，电池在中温下长期运行过程中，LSGM会发生与Ni基阳极中金属Ni的反应。这两方面的界面反应会大大降低电池的稳定性。因此，界面反应问题是解决LSGM基SOFC稳定性的关键。

阳极支撑的SOFC，由于具有较低的内阻，而在IT-SOFC中应用最为广泛。当采用传统的粉末烧结法在Ni基金属陶瓷阳极基体上直接制备LSGM电解质涂层时，在后续的高温烧结过程中(LSGM 的烧结温度高达 1400~1550℃)，不可避免地会发生 LSGM 与 Ni 基阳极之间的界面反应，从而降低电池的性能。研究人员对 NiO 和 LSGM 在 1350℃烧结 4h 后其界面稳定性进行研究，结果发现 Ni 元素向 LSGM 一侧发生扩散，扩散深度达 30μm，且在界面发现了高电阻第二相 $SrLaGaO_4$，如图 3-12 所示。

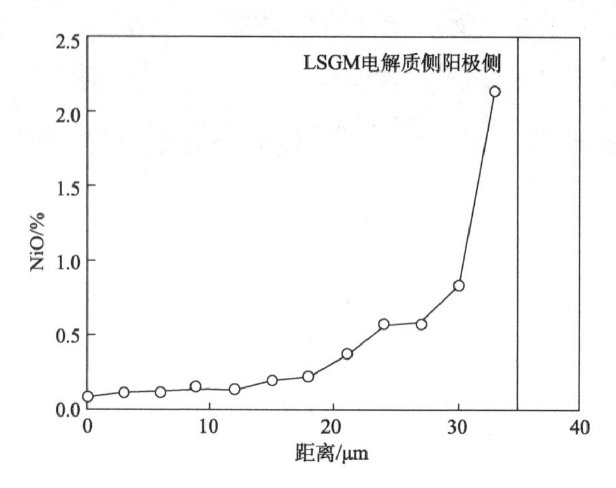

图 3-12　经过 1350℃/4h，LSGM 和 NiO 共烧结后界面附近 NiO 质量分数分布图

另有研究人员报道，采用共烧结制备 LSGM 电解质过程中，由于与 Ni 基阳极的共烧结温度高达 1400℃，从而在阳极与电解质界面出现了反应层，层内包含富含 NiO 的相以及 $LaSrGa_3O_7$ 相，第二相的存在使得电池的内阻急剧增加，说明了在高温共烧结过程中，Ni 和 La 发生了扩散，共烧结后的界面微观组织如图 3-13 所示。从图中可以看到，NiO 和 LSGM 的界面存在杂相，白色箭头所示为富含

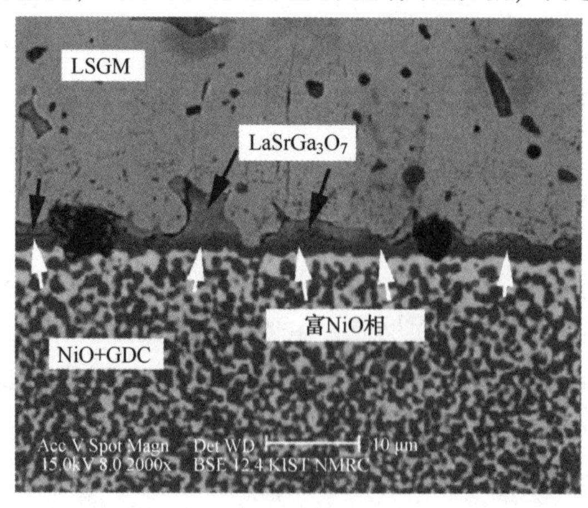

图 3-13　LSGM 与 NiO 共烧结后的接触面微观组织结构图

NiO 的相，黑色箭头所示为 $LaSrGa_3O_7$ 的相。另外，研究人员也对 NiO/SDC 阳极与 LSGM 电解质在不同温度共烧结过程中的界面稳定性进行了研究，当烧结温度高于 1350℃时，界面电阻迅速升高，且 Ni 元素向 LSGM 一侧发生扩散；当烧结温度降低到 1250℃时，界面电阻相当于 1350℃时的界面电阻的 1/10，且未发现 Ni 元素的扩散。除此之外，当温度降低到 600℃时，LSGM 和 Ni 基阳极之间仍然会发生反应，生成第二相 $LaNiO_3$，同样也会使整个电池的界面电阻增加。因此，当 LSGM 基 SOFC 电池采用 Ni 基阳极时，应该避免阳极和电解质之间相互接触。

为了抑制 LSGM 与 Ni 基阳极之间的界面反应，研究人员通过在电解质和阳极之间增加一层阻挡层来降低甚至抑制界面反应的发生。早在 2000 年就有研究人员报道在 Ni 基阳极和 LSGM 之间沉积一层 SDC 阻挡层来减小界面反应的发生，如图 3-14 所示为阳极一侧的结构示意图。同时，SDC 的存在也促进了燃料电池反应。一方面，Ce^{4+}/Ce^{3+} 的两种价位铈离子的存在可以起到催化燃料反应的作用；另一方面，还原反应增加了 SDC 中氧空位的浓度，增加了 O^{2-} 的迁移数量，进一步促进了燃料电池的反应。通过组装电池，电池输出性能的结果表明，使用 SDC 阻挡层的电池的输出功率密度相比无阻挡层的电池提升了近 $100mW/cm^2$。然而，研究结果表明，LSGM 与 SDC 在高温下同样会发生界面反应，生成高电阻第二相 $SrLaGa_3O_7$。基于此，研究者进一步把阻挡层材料换成 ScSZ 或是 GDC，结果表明，前者作为阻挡层材料时，能够起到阻挡 Ni 元素扩散的作用，电池的开路电压约为 0.9V，但是却在界面上发现了 $La_2Zr_2O_7$ 的生成，使得电池的内阻比未使用阻挡层时高出两个数量级；当采用后者作为阻挡层时，界面电阻虽然有所降低，但是也未能有效避免界面反应的发生。图 3-15 所示为阻挡层对 LSGM 电池开路电压和电池总电阻的影响，其中两种阻挡层材料分别为 GDC 和 ScSZ。进一步的报道结果显示，LSGM 与 GDC 经过 1300℃共烧结后，两种材料发生了界面反应，生成了高电阻的 $SrLaGa_3O_7$ 相。研究者通过对相图进行系统研究，提出了 La 扩散的反应机制，即高温下 LSGM 与 CeO_2 基材料之间存在的 La 浓度梯度，使得 La 由 LSGM 向 CeO_2 基材料发生扩散，从而在 LSGM 与 CeO_2 之间的界面生成 $SrLaGa_3O_7$ 相。

图 3-14　Ni 基阳极侧结构示意图

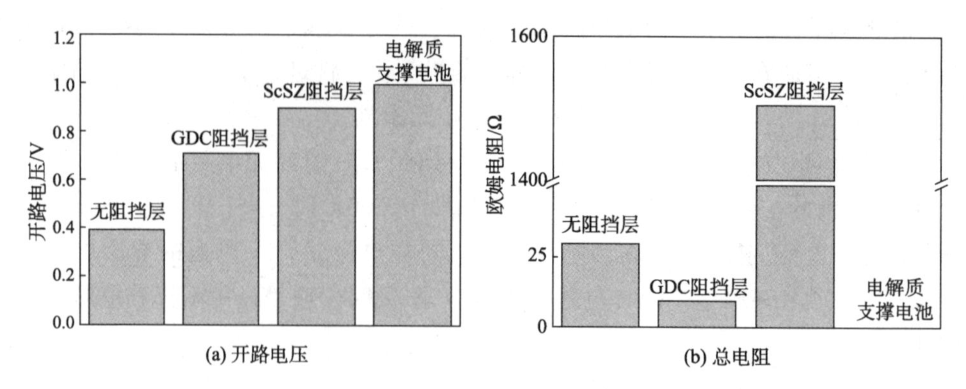

图 3-15　LSGM 电池中，阻挡层对电池开路电压和总电压的影响

基于掺杂 CeO_2材料与 LSGM 的反应机理，研究者提出了使用 La 掺杂的 CeO_2材料，即 LDC，作为阻挡层材料，可以减小阻挡层与 LSGM 之间的 La 浓度梯度，从而避免界面反应的发生，并对 LDC 中 La 的掺杂量进行了优化，发现当 La 的掺杂量为 40%时，LSGM 与 LDC 之间的高温界面反应可以得到抑制，并且此成分的 LDC 在高温下 NiO 也具有良好的化学相容性。因此，La 掺杂量为 40%的 LDC 阻挡层材料在 LSGM 电池得到广泛认可。

当 LDC 植入 LSGM 与 Ni 基阳极之间后，LSGM 电池的稳定性得到提升。研究者通过一组对比试验证明了 LDC 作为阻挡层可以保持 LSGM 基电池运行的长期稳定性。他们将含有 LDC 阻挡层与不含阻挡层的两种 LSGM 电解质支撑的 SOFC 的长期稳定性进行测试对比发现，在保持电池电流稳定不变的情况下，经过接近 400 小时稳定性的测试后，不含 LDC 阻挡层的电池的阳极过电势明显增加，电池的输出功率密度随时间的增加呈现下降的趋势；而含有 LDC 阻挡层的电池，阳极过电势较低，且相对稳定，从而整个电池的输出性能也基本不发生改变，保持相对稳定。图 3-16 为当电池经过 400h 稳定测试后，两种电池的输出性能变化。

另有研究人员将 LDC 阻挡层引入到 LSGM 基 SOFC 中，LSGM 支撑的电池获得了良好的性能输出，电池在 800℃运行长达 30 天后，电池的输出性能仍然没有发生衰减，如图 3-17 所示。此外，研究人员对含有 LDC 阻挡层与不含 LDC 阻挡层的两种 LSGM 基对电池在长期稳定运行条件下界面极化阻抗的变化进行了对比，结果发现，经过约 13 天的稳定性测试后，含有 LDC 阻挡层的对电池的极化电阻仍然保持稳定，而不含 LDC 阻挡层的对电池的极化电阻呈现显著增加，如图 3-18 所示。

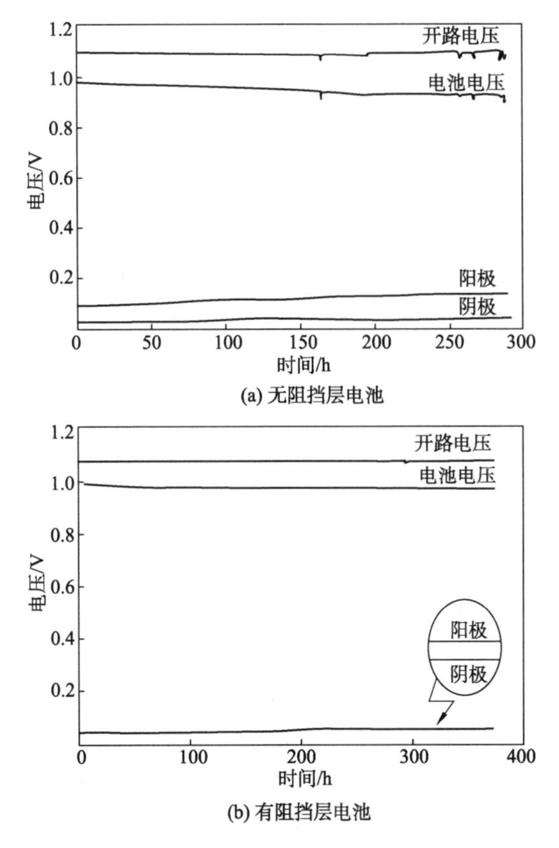

(a) 无阻挡层电池

(b) 有阻挡层电池

图 3-16　当电池经过 400h 稳定测试后，两种电池的电压变化

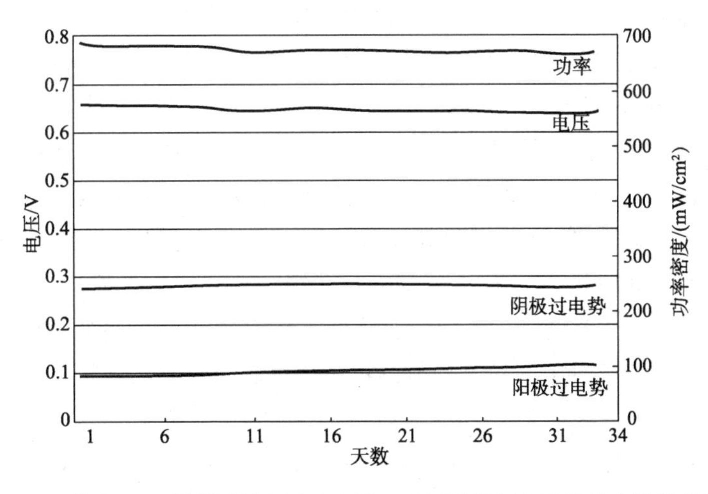

图 3-17　植入 LDC 阻挡层的 LSGM 电池，800℃运行 30 天后的电池输出性能

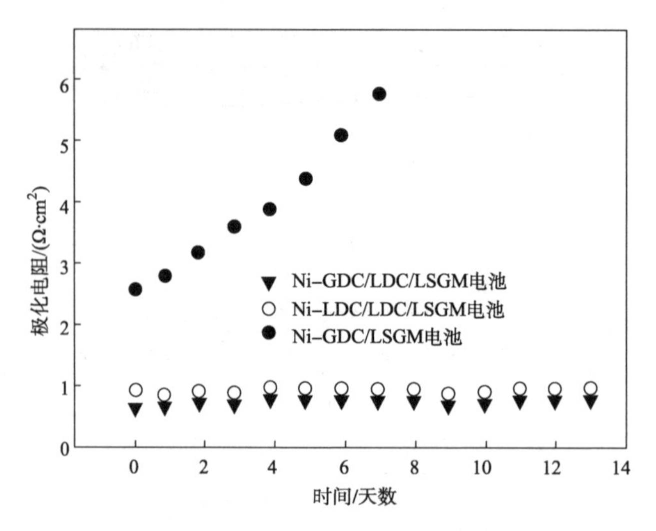

图 3-18　三种电池在相同条件下长期运行过程中极化阻抗的变化

将 LDC 引入 LSGM 基电池中，一方面，可以阻止 LSGM 与 Ni 基阳极的界面反应；另一方面，与 SDC、GDC 相似，LDC 在还原气氛下，Ce^{3+} 和 Ce^{4+} 同时存在，使得 LDC 也同时具有离子电导率和电子电导率，因此，当 LDC 作为阳极侧阻挡层时，可以有效增加阳极侧的三相界面，有效地促进阳极反应。然而，LDC 的引入也会带来整个电池内阻的增加，为了进一步降低 LDC 引入带来的不利影响，要求制备得到的 LDC 阻挡层结构致密，同时具有较为合适的厚度。因此，LDC 层的制备方法起到关键作用。

目前，LDC 涂层的制备方法包括传统的粉末烧结法、大气等离子喷涂法等。粉末烧结法主要通过丝网印刷、流延成型等在 Ni 基阳极表面制备，待整个电池制备完成后，采用共烧结的方法得到整个电池。该方法工艺简单，操作方便，但是由于 LDC 本身的烧结温度高于 LSGM，采用共烧结方法制备时，LDC 本身难以烧结致密。图 3-19 所示为采用粉末烧结法制备得到的阳极半电池的微观组织形貌图，从图中可以看出，LDC 阻挡层厚度在 10μm 左右，分布有多个孔隙，结构致密性低于 LSGM 电解质。为了解决这个问题，部分研究者提出通过在 LDC 中掺杂金属阳离子如 Fe、Mn、Co 等达到降低 LDC 烧结温度的目的，以促进其更好地烧结致密；然而这种方法给材料制备提出了更高的要求，且制备稳定性难以得到保障，同时，整个电池制备周期增加。

大气等离子喷涂（APS）作为一种低成本高效率的涂层制备方法，在制备 SOFC 各组件中发挥了重要作用，广泛用于多孔电极层、致密电解质层以及连接极保护涂层的制备。APS 的灵活性和高效性无疑为 LDC 阻挡层的制备提供了新

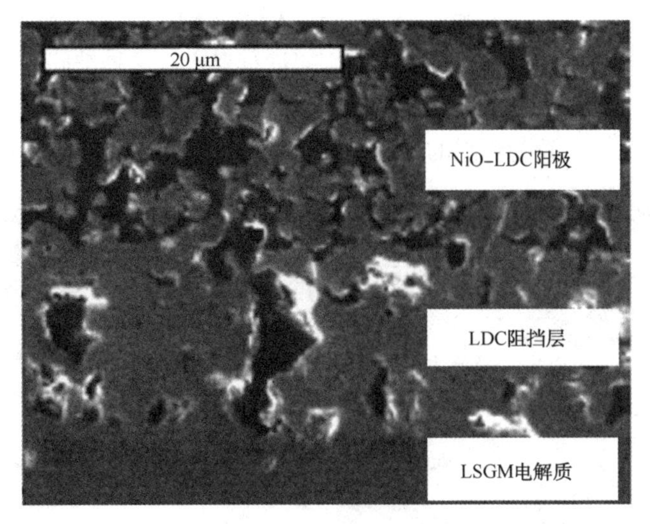

图 3-19　基于粉末烧结法制备的阳极半电池微观组织结构图

的选择。除此之外，研究报道，对于 ZrO_2基、LSGM 等电解质材料而言，通过喷涂工艺参数、粉末结构等调控可以得到致密的电解质涂层，且电解质的电导率也能达到块材的近 70%以上。因此，APS 在制备高致密、高电导率的 LDC 阻挡层方面具有显著优势。本书将在第 6 章与第 7 章分别基于粉末成分以及组织结构对 APS 制备 LDC 阻挡层的制备工艺进行调控，以获得性能优异的 LDC 阻挡层。并在第 7 章对优化后的 APS LDC 阻挡层组装的 LSGM 基电池进行电池性能和稳定性能的评价。

3.1.5　大气等离子喷涂法制备固体氧化物燃料电池组件

大气等离子喷涂(APS)作为一种低成本高效率的涂层制备方法，在制备 SOFC 各组件中发挥了重要作用，广泛用于多孔电极层、致密电解质层以及连接极保护涂层的制备。

固体氧化物燃料电池电解质要求具有致密的结构，当基体不具备良好的烧结收缩性能的时候，常规的烧结方法难以保证基体和电解质共同收缩，因此，难以保证电解质涂层的致密性，而热喷涂的方法可以实现致密涂层的直接制备，对于基体烧结收缩性能不满足要求时，大气等离子喷涂技术是可供选择的致密电解质制备技术之一。Stöver 等采用等离子喷涂技术在不锈钢支撑的阳极基体上制备了 50μm 厚的 YSZ 涂层，其中阳极层为 NiO/YSZ，也是通过等离子喷涂的方法制备，基体为 Fe/Cr 合金，宏观和微观形貌如图 3-20(a)和图 3-20(b)所示。可以看出，图 3-20(a)中圆圈区域为肉眼可见的缺陷，进一步通过扫描电子显微镜观察，如图 3-20(b)所示，该缺陷区域 YSZ 涂层并未完全将基体覆盖，这将会导致电解质发生气体泄漏，无法满足 SOFC 的运行要求。这种缺陷的产生缘于基体表面的不平整性。因此，研究者进一步在较为平整的基体表面进行阳极层和电解质层的制备，取得了较为理想的效果，如图 3-21 所示。

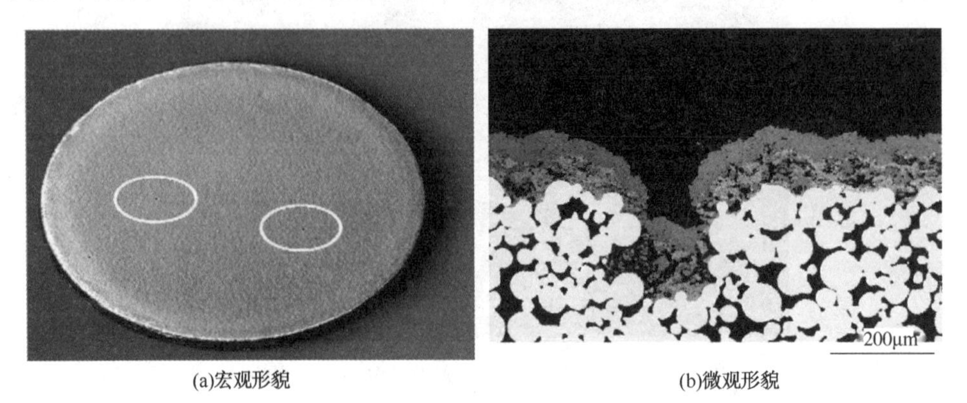

(a)宏观形貌　　(b)微观形貌

图 3-20　基于等离子喷涂技术在有缺陷的基体上制备的阳极和电解质涂层宏观和微观形貌(图中圆圈区域为表面缺陷)

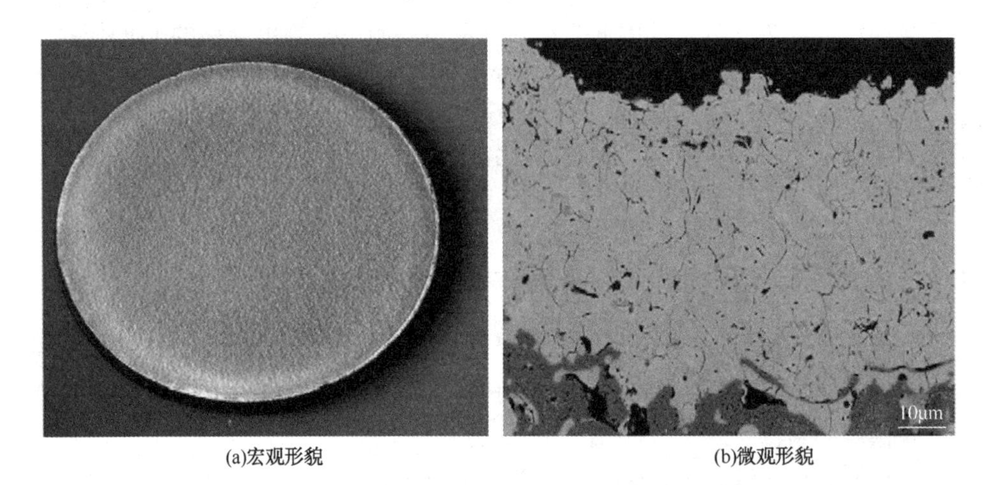

(a)宏观形貌　　(b)微观形貌

图 3-21　基于等离子喷涂技术在无缺陷的基体上制备的阳极和电解质涂层宏观和微观形貌

Vaβen 等在多孔 Fe-Cr 合金基体上制备了 SOFC 的阳极层、阴极层和电解质层，其中阴极层分别采用了等离子喷涂的方法以及丝网印刷的方法进行制备，电池断面形貌如图 3-22 和图 3-23 所示。电池测试结果显示，等离子喷涂技术可以制备良好性能的电解质层和电极层，虽然当阴极层采用丝网印刷的方法制备时电池获得了更佳的输出性能。

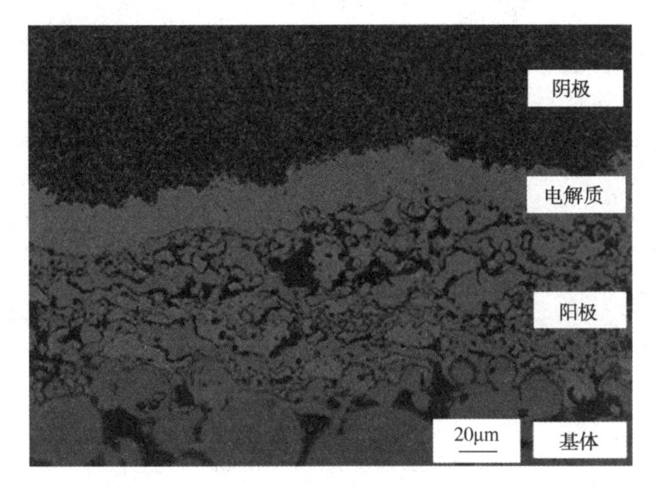

图 3-22　在多孔 Fe-Cr 合金基体上制备的 SOFC 断面形貌
(阴极层采用丝网印刷方法制备)

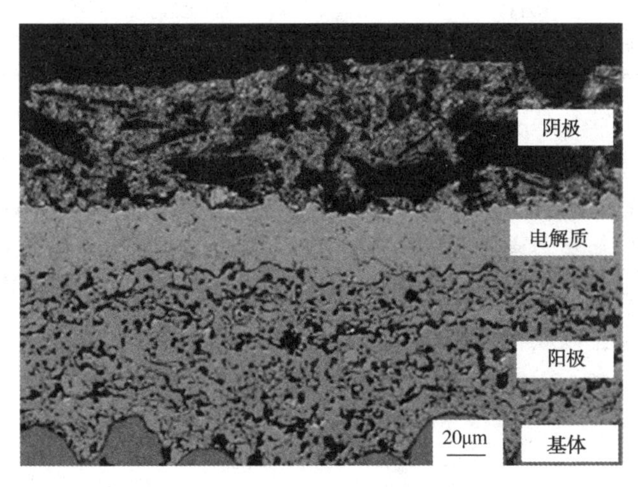

图 3-23　在多孔 Fe-Cr 合金基体上制备的 SOFC 断面形貌
(阴极层采用等离子喷涂方法制备)

Xing 等基于不同基体温度采用大气等离子喷涂的方法制备了 YSZ 电解质涂层，并对其电导率进行了比较。结果表明，基体温度对 YSZ 涂层的形貌影响较大，如图 3-24 所示。可以看出，当基体温度采用室温时，YSZ 涂层保持了疏松多孔的形貌，随着沉积温度的提高，涂层变得更加致密。电导率的测试结果也显示了相同的结果，见表 3-1，可以看出，相比室温下的沉积，高温沉积下 YSZ 涂层的电导率提升了 ~3 倍。

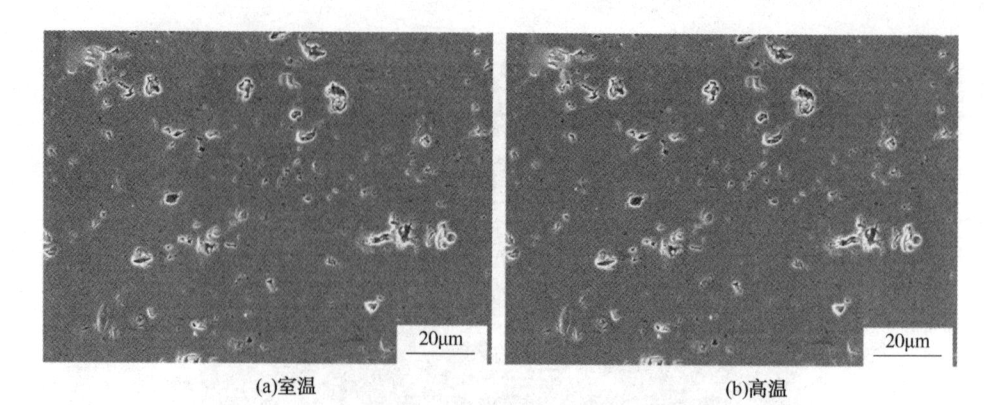

(a)室温　　(b)高温

图 3-24　不同基体温度下制备的 YSZ 涂层的抛光断面形貌

表 3-1　8YSZ 涂层的电导率(600~800℃)

温度/℃	600	700	800	900	1000
YSZ 涂层(室温)	0. 0385	0. 187	0. 669	1. 63	3. 48
YSZ 涂层(高温)	0. 113	0. 521	2. 23	5. 25	9. 86
比值	2. 94	2. 79	3. 34	3. 22	2. 84

APS 的灵活性和高效性无疑为 LDC 阻挡层的制备提供了新的选择。除此之外，对于 ZrO_2 基、LSGM 等电解质材料而言，通过喷涂工艺参数、粉末结构等调控可以得到致密的电解质涂层，且电解质的电导率也能达到块材的近 70%以上。因此，APS 在制备高致密、高电导率的 LDC 阻挡层方面具有显著优势。本书将在第 5 章与第 6 章分别基于粉末成分以及组织结构对 APS 制备 LDC 阻挡层的制备工艺进行调控，以获得性能优异的 LDC 阻挡层。并在第 7 章对优化后的 APS LDC 阻挡层组装的 LSGM 基电池进行电池性能和稳定性能的评价。

3.2 主要参考文献

[1] Raghvendra, Rajesh Kumar Singh, Prabhakar Singh, Synthesis of $La_{0.9}Sr_{0.1}Ga_{0.8}Mg_{0.2}O_{3-\delta}$ electrolyte via ethylene glycol route and its characterizations for IT-SOFC [J], 2014, 40(5): 7177-7184.

[2] Dokyol Lee, Ju-Hyeong Hana, Youngsuk Chun, Rak-Hyun Song, Dong Ryul Shin. Preparation and characterization of strontium and magnesium dopedlanthanum gallates as the electrolyte for IT-SOFC[J], Journal of Power Sources, 2007, 166: 35-40.

[3] Ha SB, Cho YH, Kang YC, et al. Effect of oxide additives on the sintering behavior and electrical properties of strontium- and magnesium-doped lanthanum gallate[J]. J Eur Ceram Soc, 2010, 30(12): 2593-2601.

[4] Liu BW, Zhang Y. $La_{0.9}Sr_{0.1}Ga_{0.8}Mg_{0.2}O_{3-\delta}$ sintered by spark plasma sintering (SPS) for intermediate temperature SOFC electrolyte[J]. J Alloy and Compd, 2008, 458(1-2): 383-389.

[5] Kesapragada SV, Bhaduri SB, Bhaduri S, et al. Densification of LSGM electrolytes using activated microwave sintering [J]. J Power Sources, 2003, 124(2): 499-504.

[6] Ohnuki M, Fujimoto K, Ito S. Preparation of high-density $La_{0.9}Sr_{0.10}Ga_{1-y}Mg_yO_{3-\delta}$ ($y=0.20$ and 0.30) oxide ionic conductors using HIP [J]. Solid State Ion, 2006, 177(19-25): 1729-1732.

[7] Fan SQ, Li CJ, Li CX, et al. Preliminary study of performance of dye-sensitized solar cell of nano-TiO_2 coating deposited by vacuum cold spraying[J]. Mater Trans, 2006, 47(7): 1703-1709.

[8] Kashu S, Fuchita E, Manabe T, et al. Deposition of ultra fine particles using a gas-jet[J]. Jpn J Appl Phy, 1984, 23(12): L910-L912.

[9] Choi JJ, Hahn BD, Ryu J, et al. Effects of $Pb(Zn_{1/3}Nb_{2/3})O_3$ addition and post-annealing temperature on the electrical properties of $Pb(Zr_xTi_{1-x})O_3$ thick films prepared by aerosol deposition method[J]. J Appl Phys, 2007, 102(4).

[10] Choi JJ, Oh SH, Noh HS, et al. Low temperature fabrication of nano-structured porous LSM-YSZ composite cathode film by aerosol deposition[J]. J Alloy Compd, 2011, 509(5): 2627-2630.

[11] Horita T, Kishimoto H, Yamaji K, et al. Materials and reaction mechanisms at

anode/electrolyte interfaces for SOFCs[J]. Solid State Ion, 2006, 177(19-25): 1941-1948.

[12] Ryu HS, Lim TS, Ryu J, et al. Corrosion protection performance of YSZ coating on AA7075 aluminum alloy prepared by aerosol deposition[J]. J Electrochem Soc, 2013, 160(1): C42-C47.

[13] Seto N, Endo K, Sakamoto N, et al. Hard Al_2O_3 film coating on industrial roller using aerosol deposition method[J]. J Therm Spray Technol, 2014, 23(8): 1373-1381.

[14] Choi JJ, Ryu J, Hahn BD, et al. Dense spinel $MnCo_2O_4$ film coating by aerosol deposition on ferritic steel alloy for protection of chromic evaporation and low-conductivity scale formation[J]. J Mate Sci, 2009, 44(3): 843-848.

[15] Popovici D, Nagai H, Fujishima S, et al. Preparation of lithium aluminum titanium phosphate electrolytes thick films by aerosol deposition method[J]. J Am Ceram Soc, 2011, 94(11): 3847-3850.

[16] Ahn CW, Choi JJ, Ryu J, et al. Microstructure and ionic conductivity in $Li_7La_3Zr_2O_{12}$ film prepared by aerosol deposition method[J]. J Electrochem Soc, 2015, 162(1): A60-A63.

[17] Choi JJ, Choi JH, Ryu J, et al. Low temperature preparation and characterization of (La, Sr)(Ga, Mg)$O_{3-\delta}$ electrolyte-based solid oxide fuel cells on Ni-support by aerosol deposition[J]. Thin Solid Films, 2013, 546: 418-422.

[18] Choi JJ, Cho KS, Choi JH, et al. Low temperature preparation and characterization of LSGMC based IT-SOFC cell by aerosol deposition[J]. J Eur Ceram Soc, 2012, 32(1): 115-121.

[19] Zhang XG, Ohara S, Maric R, et al. Ni-SDC cermet anode for medium-temperature solid oxide fuel cell with lanthanum gallate electrolyte[J]. J Power Sources, 1999, 83(1-2): 170-177.

[20] Zhang SL, Li CX, Li CJ. Chemical compatibility and properties of suspension plasma-sprayed $SrTiO_3$-based anodes for intermediate-temperature solid oxide fuel cells[J]. J Power Sources, 2014, 264: 195-205.

[21] Huang Pengnian, Horky Alesh, Petric Anthony, Interfacial reaction between Nickel oxide and lanthanum gallate during sintering and its effect on conductivity [J], J. Am. Ceram. Soc., 1999, 82(9): 2402-2406.

[22] Kim KN, Kim BK, Son JW, et al. Characterization of the electrode and electro-

lyte interfaces of LSGM-based SOFCs[J]. Solid State Ion, 2006, 177(19-25): 2155-2158.

[23] Huang KQ, Goodenough JB. A solid oxide fuel cell based on Sr- and Mg-doped $LaGaO_3$ electrolyte: the role of a rare-earth oxide buffer[J]. J Alloy and Compd, 2000, 303: 454-464.

[24] Huang KQ, Wan JH, Goodenough JB. Increasing power density of LSGM-based solid oxide fuel cells using new anode materials[J]. J Electrochem Soc, 2001, 148(7): A788-A794.

[25] Hrovat M, Holc J, Samardzija Z, et al. Subsolidus phase equilibria in the La_2O_3-CeO_2-NiO system[J]. J Mater Sci Lett, 2000, 19(3): 233-235.

[26] Wan JH, Yan JQ, Goodenough JB. LSGM-based solid oxide fuel cell with 1.4 W/cm^2 power density and 30 day long-term stability[J]. J Electrochem Soc, 2005, 152(8): A1511-A1515.

[27] Gong WQ, Gopalan S, Pal UB. Performance of intermediate temperature(600-800℃) solid oxide fuel cell based on Sr and Mg doped lanthanum-gallate electrolyte[J]. J Power Sources, 2006, 160(1): 305-315.

[28] Hwang CS, Hwang TJ, Tsai CH, et al. Effect of plasma spraying power on LSGM electrolyte of metal-supported solid oxide fuel cells[J]. Ceram Int, 2017, 43: S591-S597.

[29] Zhang SL, Liu T, Li CJ, et al. Atmospheric plasma-sprayed $La_{0.8}Sr_{0.2}Ga_{0.8}Mg_{0.2}O_3$ electrolyte membranes for intermediate-temperature solid oxide fuel cells [J]. J Mater Chem A, 2015, 3(14): 7535-7553.

[30] Zhang SL, Li CX, Li CJ, et al. Scandia-stabilized zirconia electrolyte with improved interlamellar bonding by high-velocity plasma spraying for high performance solid oxide fuel cells[J]. J Power Sources, 2013, 232: 123-131.

[31] Detlev Stöver, Dag Hathiramani, Robert Vaben, et al.. Plasma-sprayed components for SOFC application[J]. 2006, 201: 2002-2005.

[32] R. Vaβen, D. Hathiramani, J. Mertens, et al. Manufacturing of high performance solid oxide fuel cells (SOFCs) with atmospheric plasma spraying (APS)[J]. 2007, 202: 499-508.

[33] Xing YZ, Li CJ, Li CX, et al.. Influence of through-lamella grain growth on ionic conductivity of plasma-sprayed yttria-stabilized zirconia as an electrolyte in solid oxide fuel cells[J]. 2008, 176, 31-38.

4

LSGM电解质真空冷喷涂高温致密化工艺调控

陶瓷块材通常采用粉末烧结法进行制备，在传统烧结方法中，往往采用冷压成型、热压成型或是添加烧结助剂后再进行冷压和热压成型，粉末成型后通过后续高温烧结致密化即可得到致密化的陶瓷块材。粉末的尺寸对烧结特性具有影响，纳米粉末由于具有较大的比表面积和较低的活化能而使得其烧结特性与非纳米材料有所区别。

根据已有文献报道，基于传统喷嘴，制备得到的 LSGM 涂层近似纳米结构。加之，涂层形成于高碰撞压力下，因此，纳米结构 LSGM 涂层的烧结特性有别于传统涂层。基于此，通过致密化工艺调控有望实现 LSGM 涂层的低温烧结。本章通过控制烧结温度对真空冷喷涂 LSGM 涂层烧结特性进行分析，然后通过共烧结工艺的调控优化电解质涂层结构，最后基于优化的电解质涂层，进行电池的组装和性能的表征，以形成真空冷喷涂 LSGM 电解质高温致密化新工艺。

4.1 试验材料及试验方法

4.1.1 试验材料

本章基于真空冷喷涂系统制备 LSGM 粉末涂层。粉末采用 LSGM 粉末，基体采用 NiO/YSZ-GDC 阳极基体，基体表面和断面形貌如图 4-1 所示，可以看出，GDC 表面呈现多孔的形貌，且厚度为 2 ~3μm。NiO 与 YSZ 采用 1 : 1 的体积比均匀混合，2~3μm 厚的 GDC 层采用流延成型的方法制备。

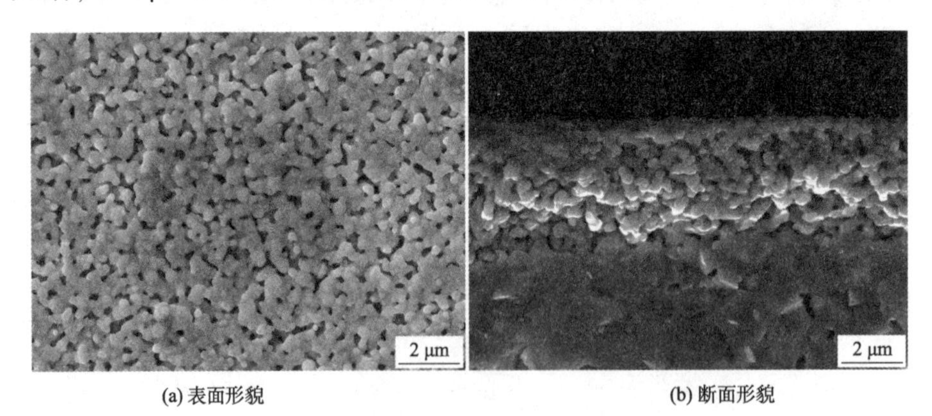

(a) 表面形貌　　(b) 断面形貌

图 4-1　NiO/YSZ-GDC 基体表面和断面形貌

研究结果表明，在氢气气氛下，阳极中的 NiO 还原为 Ni 的过程中，体积发生收缩，收缩率约 41%。因此，在 Ni 基阳极上增加多孔 GDC 层是为了防止阳极还原过程中体积的收缩引起电解质薄膜的开裂。另外，研究报道显示，基体粗糙度对颗粒沉积行为具有一定的影响。而上一章中真空冷喷涂 LSGM 薄涂层的制备都是在光滑的玻璃基体上进行的，为了能够更好地实现颗粒的破碎，以及消除基体粗糙度对颗粒的沉积行为产生的影响，本研究采用浸渗处理的方法对多孔 GDC 层表面进行致密化，并进行表面抛光处理。

浸渗所用溶液为含质量分数 40%的 GDC 溶液。浸渗过程可以描述为：首先按照一定比例配制硝酸镓与硝酸铈的混合溶液；其次，采用上述混合溶液刷涂于多孔 GDC 表面，并在烘箱中进行 120℃烘干后，再进行表面刷涂；经过多次重复刷涂溶液后，最后，将样品置于加热炉中，在 450℃空气气氛下热处理 1h，使硝酸盐分解为 GDC 颗粒，分解的这些 GDC 纳米颗粒将会填充多孔 GDC 的表面孔隙，使 GDC 表面进一步致密化，上述步骤称为一次浸渗处理。图 4-2 为经过 10 次浸渗处理后，样品表面抛光后的低倍和高倍微观组织结构图。

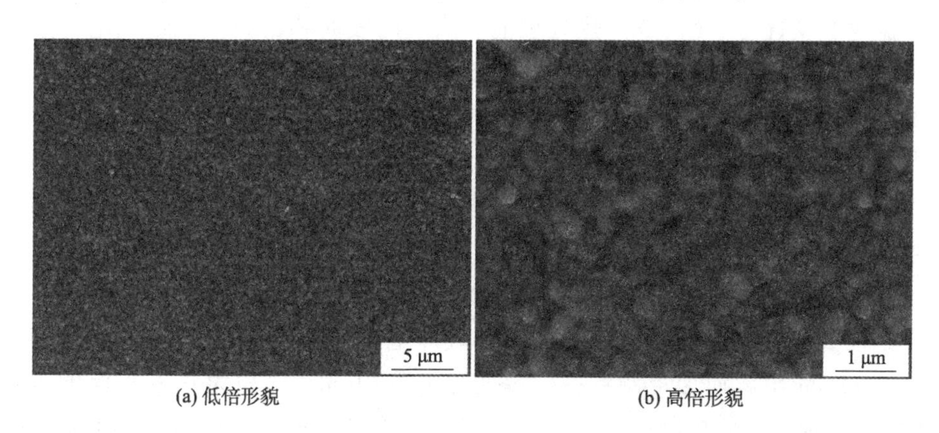

(a) 低倍形貌　　(b) 高倍形貌

图 4-2　NiO/YSZ-GDC 基体表面经过 10 次浸渗处理后的表面微观组织结构

4.1.2　LSGM 电解质涂层的制备方法及电性能的表征

本章采用的真空冷喷涂系统中所用喷嘴为 Converging 喷嘴，喷嘴尺寸为 $2.5\times0.2mm^2$，加速气体采用 He。首先，将一定质量的 LSGM 粉末置于送粉罐中；然后对喷涂腔室进行抽真空处理至腔室压力低于 20Pa，打开气体阀门，此时气流携带喷涂颗粒送入真空腔室，颗粒经过喷嘴的再次加速后撞击到基体表面，移动平台基于设计的程序进行前后左右移动，在基体表面形成一定面积的涂层。通过改变喷涂遍数，可以得到不同厚度的 LSGM 涂层。为了方便描述，本章将喷涂 2 遍时得到的涂层命名为 V2，以此类推。喷涂参数见表 4-1。

表 4-1 真空冷喷涂 LSGM 喷涂参数

参数	单位	数值
腔室压力	Pa	250
入口压力	MPa	0.04
喷涂距离	mm	10
喷枪移动速度	mm/s	2
喷嘴出口尺寸	mm×mm	2.5×0.2
喷涂遍数	times	2，4，8

LSGM 涂层制备完成后，将带有 LSGM 涂层的 NiO/YSZ-GDC 基体置于加热炉中分别进行加热，热处理温度选定为 1100℃和 1200℃，时间选定为 5h，升温和降温速度设置为 3℃/min。热处理前后涂层的表面和断面微观组织结构采用 SEM 进行观察。涂层表面晶粒尺寸采用 SEM 图像的线性截距法进行量取，每一种涂层选择 10 张图像，分别对每个图像中晶粒尺寸进行统计，最后进行平均晶粒尺寸计算，计算结果作为该涂层表面的平均晶粒尺寸。采用图像处理软件 Image J 对涂层表面的孔隙率进行统计，每一种涂层选择 10 张背散射图像，求其平均孔隙率作为该涂层的孔隙率。

单电池的电学性能要通过制备单电池得到，本章制备单电池的方法如下：首先在阳极上进行 LSGM 电解质层的制备，待半电池制备完成后，采用丝网印刷的方法在 LSGM 电解质层上制备一层厚度为 10~20μm，面积为 0.8cm^2厚的多孔 LSCF 阴极。LSCF 阴极制备前对粉末进行球磨处理，过程如下：将球形的 LSCF 粉末和玛瑙磨球以球料比 10∶1 的比例混合，采用酒精作为介质，20h 高速球磨后，置于 70℃烘箱中进行 20h 烘干处理。球磨前后 LSCF 粉末的形貌如图 4-3 所示，从图中可以看出，球磨后，LSCF 粉末的球形形状被破坏，取而代之的是破碎的 LSCF 粉末，因此，高速球磨可以大大降低粉末的颗粒尺寸，有利于丝网印刷过程的进行。待粉末球磨干燥后，将 LSCF 粉末与松油醇溶剂以质量比 1∶1 混合后，进行 1h 研磨处理，得到丝网印刷的浆料。其中，松油醇中进行 5%质量分数的乙基纤维素的添加。待浆料完全均匀混合后，使用 100 目的丝网将 LSCF 印刷于半电池上。每次印刷后，都将样品置于 120℃的烘箱中进行 1h 烘干。依次重复以上步骤，直到涂层的厚度合适。最后，将整个单电池在 1080℃下热处理 2h。热处理既能增强 LSCF 阴极与 LSGM 电解质之间的结合，又能使有机物挥发得到多孔的 LSCF 阴极层。

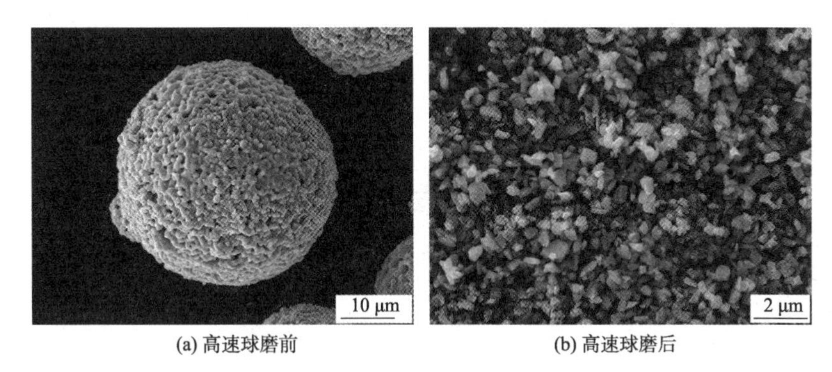

图 4-3　LSCF 粉末高速球磨前后的高倍形貌图

在电池测试前，分别在阳极侧和阴极侧表面均匀涂覆一层银浆，该层银浆在电池运行过程中作为电流汇流层使用。在电池性能测试过程中，阳极侧燃料气体采用 H_2，阴极侧采用 O_2作为氧化气体，其中，H_2添加质量分数为 3%的 H_2O 进行润湿。整个过程中，气体流量通过质量流量计精确控制，其中，燃料气流量为 0.15slpm，氧气流量为 0.2slpm。单电池在测试前置于加热炉中进行加热，温度升高到 750℃ 保温 1h 以使银浆固化，然后在降温过程中分别测试电池的空载电压与输出性能。本章中电池的测试温度范围为 600~750℃，间隔为 50℃，升温和降温速率均为 3℃/min。在每一个测试温度下，采用电化学工作站（Solartron SI 1260/1287，Hampshire，English）在空载状态下对两种单电池进行阻抗测试，测试频率范围为 0.1~100kHz，交流偏压为 25mV。图 4-4 为本章中所采用的单电池性能测试系统示意图。

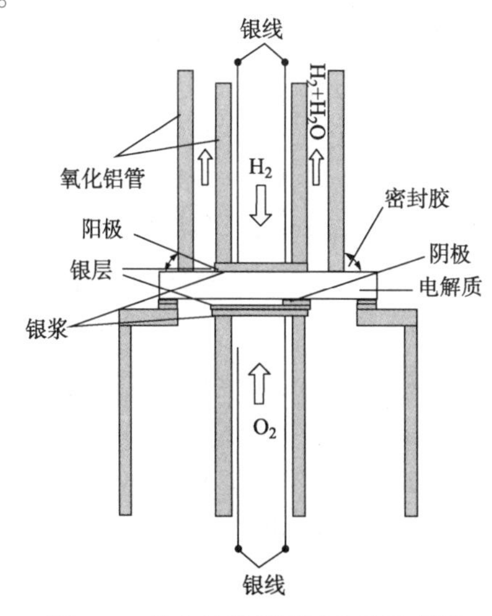

图 4-4　单电池性能测试系统示意图

4.2 真空冷喷涂 LSGM 涂层致密化温度调控

4.2.1 LSGM 电解质涂层制备及后热处理

喷涂态涂层 V2 表面和断面形貌如图 4-5 所示。可以看出，涂层中颗粒尺寸小于喷涂粉末尺寸，且表面和断面颗粒的尺寸均在纳米或是亚微米尺度，从而涂层呈现典型的微纳米结构，这与上一章结果相吻合。在涂层表面可以观察到发生断裂的颗粒，如图 4-5(a)中白色箭头所示，表明颗粒在沉积过程中发生了破碎。从涂层的断面形貌可以看出，当喷涂遍数为 2 时得到的涂层厚度约为 3~4μm，且涂层断面上发现了大量的介孔孔隙。

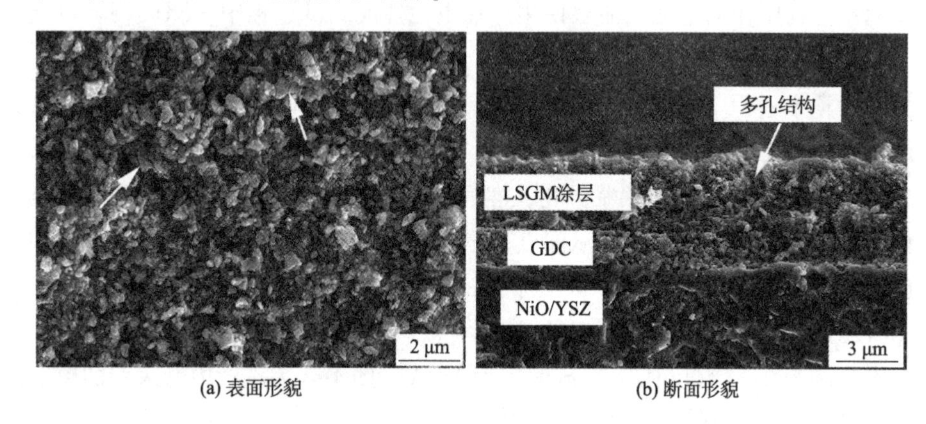

(a) 表面形貌　　(b) 断面形貌

图 4-5　LSGM 涂层表面和断面的微观组织形貌(喷涂态 V2，喷涂次数 2 次)

研究结果表明，在 1250℃以上，LSGM 与 GDC 会发生化学反应，生成高电阻的 $LaSrGaO_4$相。因此，为了避免 LSGM 涂层于 GDC 发生化学反应，本章选定的热处理温度要低于 1250℃，以此来探究热处理温度对 LSGM 烧结特性的影响。本章选用的热处理温度为 1100℃和 1200℃，时间选定为 5h，以免高温长时间热处理发生 Ni 元素的扩散。将喷涂态 V2 涂层分别在 1100℃与 1200℃进行 5h 等温热处理。

图 4-6 为 V2 涂层不同热处理温度下得到的涂层断面微观结构。从图中可以看出相比于喷涂态，经过热处理后，涂层厚度方向出现收缩，发生烧结致密化，且晶粒发生生长。1100℃热处理 5h 后涂层厚度变为~1.9μm，而 1200℃热处理 5h 后涂层厚度变为~1.5μm，从涂层的断面也可以看出，1100℃热处理 5h 后涂层断面上仍存在大量的孔洞，而经过 1200℃热处理 5h 后，涂层断面除了少量封闭孔隙外，涂层看起来非常致密。结果表明，经过 1200℃热处理 5h 后，微纳米

结构的真空冷喷涂 LSGM 涂层可以达到烧结致密化。据目前文献报道，LSGM 的烧结温度高达 1400℃以上，而本章中 LSGM 涂层在 1200℃热处理后，涂层断面就已经非常致密，说明采用真空冷喷涂的方法可以将 LSGM 涂层的烧结致密化温度降低至 1200℃。Hong 等专门对 LSGM 烧结温度的降低进行了相关报道，他们通过将 Co 掺杂到 LSGM 中制备浆料，采用丝网印刷以及高温烧结的方法制备得到了致密的 LSGM 电解质。通过 Co 的掺杂，LSGM 在热处理温度为 1250℃时，即实现了烧结致密化，然而当他们将热处理温度进一步降低到 1200℃时，LSGM 电解质层的致密性大大下降。

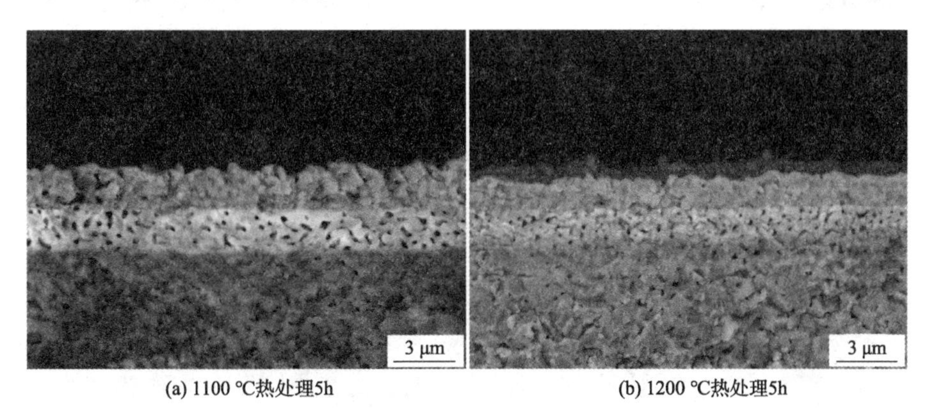

(a) 1100 ℃热处理5h　　(b) 1200 ℃热处理5h

图 4-6　不同热处理温度下 LSGM 涂层断面微观组织结构

本章中在不添加烧结助剂的情况下，LSGM 的烧结致密化温度即能够降低到 1200℃，主要归结为以下两个方面的原因。原因一，真空冷喷涂涂层中存在的纳米颗粒具有高的比表面积以及短的扩散距离，促进了 LSGM 涂层的烧结；其二，颗粒碰撞过程中产生高的碰撞压力，文献报道在真空冷喷涂过程中颗粒/颗粒间的瞬时碰撞压力甚至高达 5.6GPa，此压力比传统冷压法所用压力高出一个数量级，从而，使得真空冷喷涂涂层中存在大量的残余压应力，这些压应力的存在进一步促进了烧结。

基于以上研究，将真空冷喷涂 LSGM 的烧结致密化温度定为 1200℃。分别将 V4 和 V8 涂层在 1200℃热处理 5h，研究涂层厚度对烧结性能的影响。图 4-7 为 V2、V4 和 V8 三种涂层在 1200℃热处理 5h 前后的涂层表面形貌图。从表面形貌图中可以看出，三种喷涂态涂层都表现出多孔的微观结构，可能是由于颗粒的碰撞速度不足，使颗粒难以达到有效地碰撞压实。另外，三种喷涂态涂层均表现为纳米结构，然而，经过 1200℃热处理 5h 后，涂层晶粒大部分生长为微米尺寸，且晶粒尺寸随喷涂遍数的增加而增大。经过热处理后，除了涂层表面出现少量的烧结裂纹和孔隙外，涂层大部分变得更加致密。

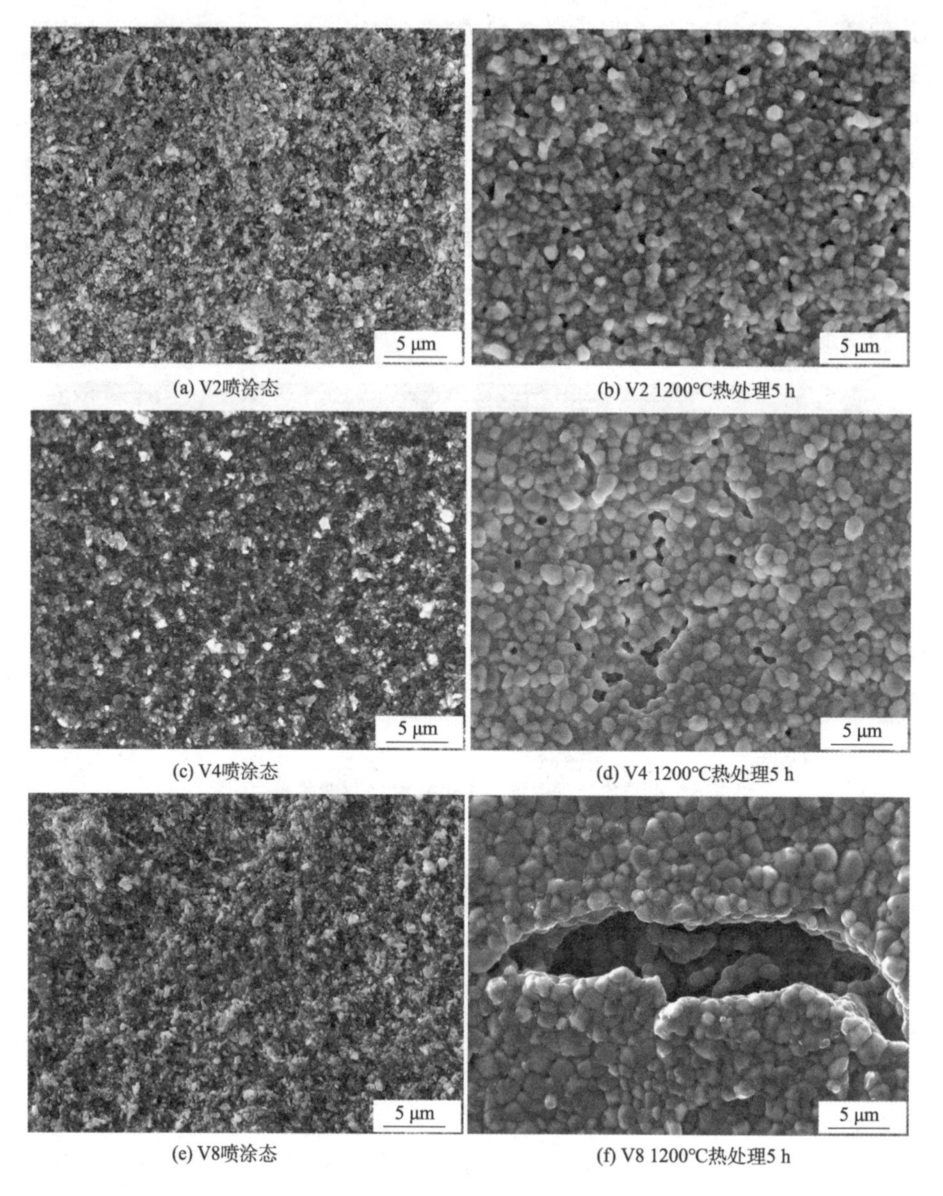

(a) V2喷涂态 (b) V2 1200℃热处理5 h
(c) V4喷涂态 (d) V4 1200℃热处理5 h
(e) V8喷涂态 (f) V8 1200℃热处理5 h

图 4-7 三种涂层在 1200℃热处理 5h 前后的涂层表面形貌图(分别为 V2、V4 和 V8 涂层)

图 4-8 为 V2、V4 和 V8 三种涂层在 1200℃热处理 5h 前后的涂层断面形貌图。从涂层的断面形貌可以看出，断面由三层组成，分别为 NiO/YSZ 阳极层、GDC 层、LSGM 电解质层。经过高温热处理后，涂层在厚度方向发生了一定的收缩。对原始喷涂态涂层而言，随喷涂遍数的增加，涂层的厚度也相应增加。原始喷涂态 V2、V4 和 V6 涂层的厚度分别约为 3.2μm、4.8μm 和 7.3μm，经过

1200℃热处理 5h 后，三种涂层的厚度分别变为约 1. 5μm、3. 1μm 和 5. 2μm。

对涂层厚度方向的收缩率以及热处理后表面晶粒尺寸进行统计的结果见表 4-2。当喷涂 2 遍后，涂层厚度方向的收缩率约为 53. 13%，而当喷涂次数增加到 4 遍和 8 遍时，收缩率分别变为了约 35. 42%与 28. 76%。相应地，当喷涂次数分别为 2、4 和 8 时，平均晶粒尺寸分别变为约 0. 73μm、1. 12μm 与 1. 25μm。这主要是由于真空冷喷涂过程中后续颗粒不断对已沉积涂层发生碰撞，这种碰撞对已沉积涂层不断产生夯实作用，从而使得喷涂次数越多的涂层，夯实作用愈明显，从而导致涂层中颗粒间连接变得更加紧密，这种紧密连接进一步促进了 LSGM 涂层的烧结，从而导致了晶粒尺寸随喷涂次数的增加而增加。

表 4-2　热处理后统计得到 LSGM 涂层断面收缩率和表面晶粒尺寸

喷涂遍数	收缩率/%	晶粒尺寸/mm
2	53. 13±12. 31	0. 73±0. 18
4	35. 42±16. 37	1. 12±0. 27
8	28. 76±14. 78	1. 25±0. 31

4. 2. 2　LSGM 涂层在烧结致密化过程中的开裂行为

从图 4-7 中可以看出，经过 1200℃热处理 5h 后，LSGM 涂层大部分变得更加致密，但是热处理后的涂层表面也相应地产生了一些裂纹，并且随喷涂厚度的增加裂纹宽度也相应增加，比如，在 V8 涂层表面上出现了宽度达 4. 3μm 裂纹。很明显，这些裂纹对涂层的气密性是不利的。因此，本研究定义了表征热处理后涂层开裂的行为的指标，即涂层表面裂纹面积比率 ΔS，ΔS 由公式(4-1)得出。

$$\Delta S = \frac{S_C}{S} \times 100\% \tag{4-1}$$

式中　ΔS——涂层表面裂纹面积比率；

S_C——涂层中裂纹的面积；

S——SEM 图像面积。

图 4-8 为计算得到的涂层表面裂纹面积比率 ΔS 与烧结后 LSGM 涂层厚度的关系图。可以看出，高温热处理后 LSGM 涂层表面裂纹面积比率 ΔS 与涂层的厚度基本上呈现正比关系。当热处理后涂层厚度从 1. 5μm 增加到 5. 2μm 时，涂层表面裂纹面积比率相应地从 4. 5%增加到 12%，即涂层越厚，在热处理过程中越容易开裂。本结果与 Shinozaki 等报道的结果一致，即涂层厚度越大，越容易开裂，原因是随涂层厚度地增加，热处理过程中裂纹形成需要的驱动力也相应增加。

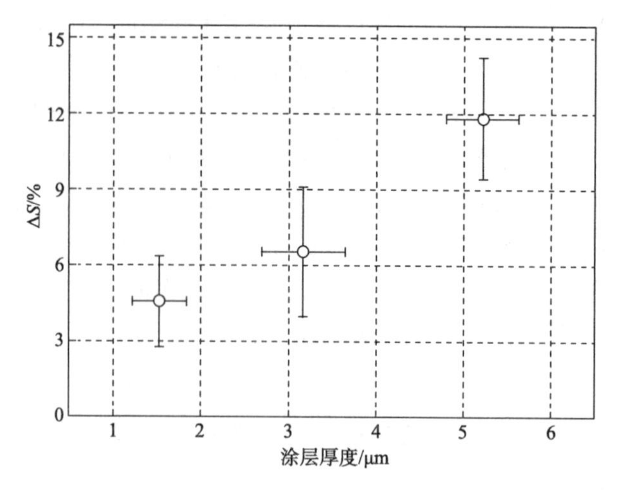

图 4-8　涂层表面裂纹面积比率(ΔS)与涂层厚度的关系

为了进一步揭示真空冷喷涂 LSGM 涂层的热处理开裂行为，将后热处理温度设为涂层未发生烧结的温度，对 LSGM 涂层在未发生烧结时的开裂行为进行探究。本章将后热处理温度设置成 900℃，首先将 V8 涂层以 3℃/min 的速度均匀升到 900℃，在该温度下保温 30min 后，以 3℃/min 的速度降到室温后取出，观察其表面形貌的变化。图 4-9 所示为涂层在加热阶段(900℃)与烧结阶段(1200℃)其表面形貌的变化及裂纹的演变。从图中可以看出，当热处理温度为 900℃时，即起始热处理阶段，也就是加热阶段，裂纹已经形成，如图 4-9(a)状白色箭头所示。起始加热阶段裂纹的形成主要是由于涂层与基体之间存在热膨胀不匹配，GDC 的热膨胀系数为 $13.4\times10^{-6}K^{-1}$，而 LSGM 的热膨胀系数为 $10.99\times10^{-6}K^{-1}$。随着温度的进一步增加到 1200℃，如图 4-9(b)所示，LSGM 颗粒间连

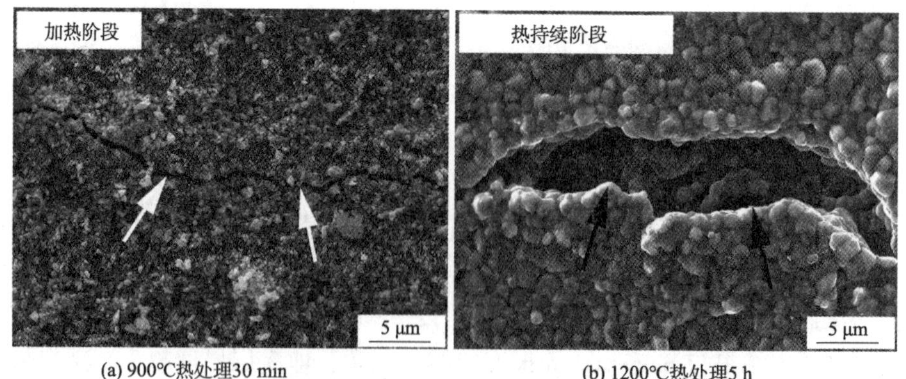

(a) 900℃热处理30 min　　(b) 1200℃热处理5 h

图 4-9　不同温度热处理后 LSGM 涂层表面形貌的变化

接更加紧密，涂层中晶粒尺寸增加，涂层发生烧结致密化，但是由于涂层与基体相连，因此涂层不能发生自由收缩，即此时发生的烧结为受限烧结。受限烧结的发生导致裂纹发生宽化，如图 4-9(b) 中黑色箭头所示。简而言之，起始加热阶段，在涂层未发生烧结前，由于 LSGM 涂层和 GDC 基体之间的热膨胀不匹配而在涂层中产生裂纹，随热处理温度进一步，涂层发生受限烧结，使得裂纹发生进一步宽化。该过程示意图如图 4-10 所示。

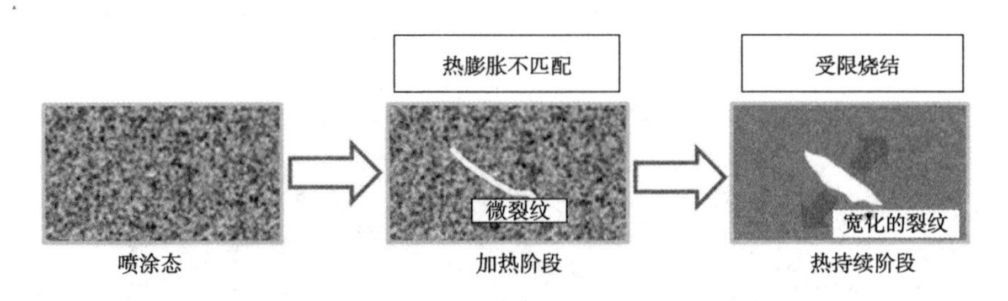

图 4-10　LSGM 涂层加热阶段与受限烧结阶段裂纹演变规律示意图

4.3　基于双层共烧结设计制备致密 LSGM 电解质

从 4.2.1 小节可知，多孔的喷涂态真空冷喷涂 LSGM 涂层经过 1200℃ 热处理 5h 后，涂层大部分区域都变得致密，然而由于热膨胀系数不匹配以及受限烧结的存在使得涂层表面出现裂纹，而表面裂纹的出现将大大降低涂层的气密性，从而使得 LSGM 涂层难以满足 SOFC 的电解质层的要求。因此，要采用目前的 LSGM 涂层作为电解质，就需要对热处理后的 LSGM 涂层进一步致密化。为了获得致密的 LSGM 电解质，本章通过采用双层沉积的方法来封堵涂层热处理后表面产生的裂纹，然后再进行后热处理使涂层微观结构进一步致密化。由于第一层经过烧结后留下了微米尺寸的孔隙，当包含纳米颗粒的第二层沉积到第一层上后，第一层的裂纹即得到有效封堵，随后该双层涂层在 1200℃ 共烧结来使得双层结构成为一层，并达到涂层致密化的目的。由图 4-7 可知，V8 涂层烧结后，表面的裂纹面积比率较大，为避免大裂纹对涂层气密性以及离子电导率的不利影响，本研究选用 V2 涂层和 V4 涂层作为第一层。考虑到两种涂层不同的厚度，本章采用两种不同的组合方式，即 V2 涂层和 V4 涂层分别作为第一层和第二层，通过对电池输出性能的比较，从而对双层厚度进行优化。本章将其分别命名为 V2-4 和 V4-2。

图 4-11 所示为第二层沉积后涂层表面和断面形貌。从图中可以看出，两种

涂层中第二层 LSGM 喷涂态的表面均与第一层沉积得到的涂层表面形貌相似，表明当带有表面裂纹的第一层作为基体时，并没有对涂层的沉积产生影响。另外，第二层沉积后表面裂纹消失，表明沉积的涂层有效地覆盖了第一层涂层烧结后产生的裂纹。另外，从断面形貌可以看出，双层结构之间结合良好，且第二层喷涂态涂层厚度分别约为 5μm 和 3μm，与图 4-8 中喷涂态 V4 和 V2 涂层厚度相当，进一步说明了烧结后的第一层 LSGM 涂层并没有影响第二层 LSGM 涂层的沉积。因此，这种双层结构设计可以有效地封堵住第一层涂层烧结产生的裂纹，且并不会对后续涂层的沉积产生影响。

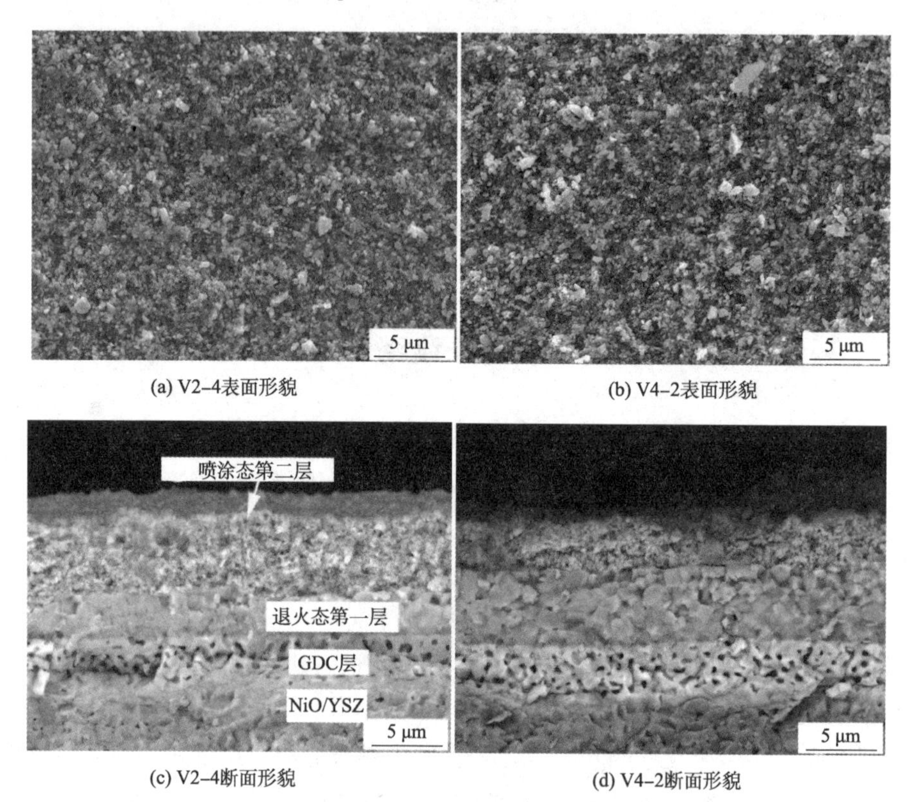

(a) V2-4表面形貌　　(b) V4-2表面形貌

(c) V2-4断面形貌　　(d) V4-2断面形貌

图 4-11　VCS LSGM 双层共烧结前涂层表面和断面微观组织结构

图 4-12 所示为两种不同结构的涂层经过 1200℃ 共烧结后的表面和断面形貌。从图中可以看出，两种不同结构的涂层共烧结后表面均出现了一些小孔隙。从涂层的断面形貌上可以看出，共烧结后的涂层厚度均约为 5μm，内部颗粒紧密相连。使用图像分析法对两个涂层烧结后的断面孔隙率进行统计，得到两个涂层的平均孔隙率分别约为 1.35%和 4.86%，因此，两种 LSGM 共烧结涂层均可作为 SOFC 的电解质使用。从图中可以清晰地看出涂层的断面上存在两种不同类型的

孔隙。一种为第二层沉积后未能完全填充的残余孔隙，如图中白色箭头所示。另外一种孔隙相对比较小并且数量也比较少，如图中黑色箭头所示，这种孔隙的主要是由于第二层在受限烧结过程中形成的。研究表明，受限烧结产生了烧结体内颗粒的重新排列，并且导致了空洞的形成。可以看出，断面上的这两种孔洞基本都为封闭孔隙。对比两种结构涂层的断面形貌，可以明显看出，在 V4-2 涂层的断面上，孔隙的数量相对较少，原因可能是由于 V4 涂层经过第一次烧结后形成的较大裂纹有利于第二层沉积后填孔。两种不同结构设计导致不同孔隙结构的产生，因此，双层结构中每一层的厚度对共烧结致密化的过程产生影响。

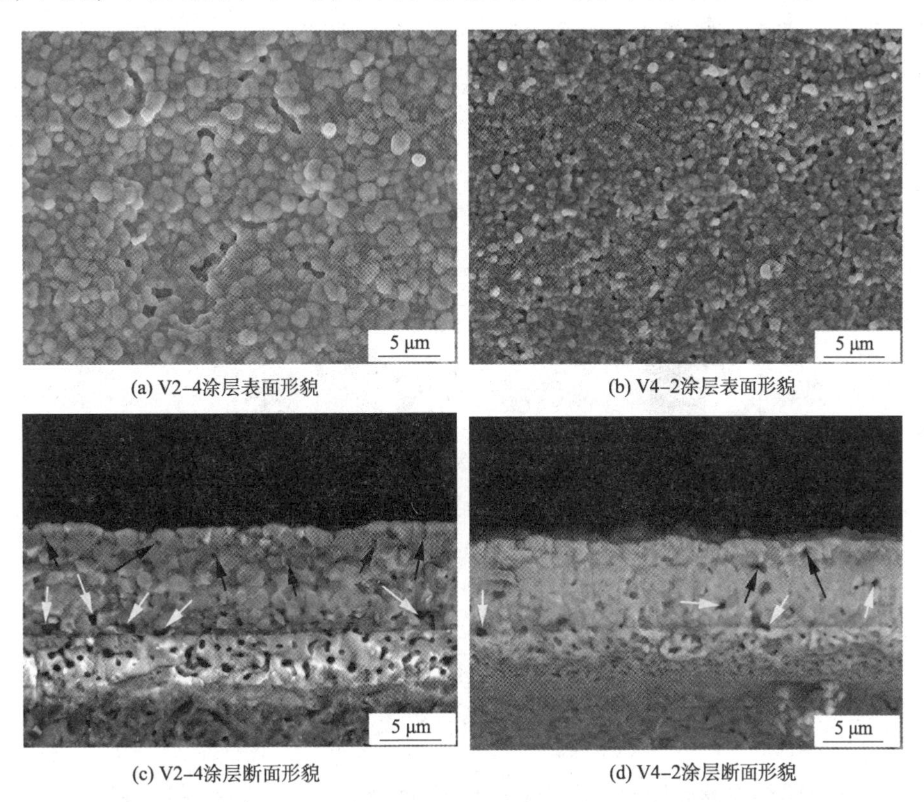

(a) V2–4涂层表面形貌　　(b) V4–2涂层表面形貌

(c) V2–4涂层断面形貌　　(d) V4–2涂层断面形貌

图 4-12　两种结构的 LSGM 双层涂层经过 1200℃热处理 5h 后的表面和断面形貌

另外，V2-4 和 V4-2 两种双层结构涂层均呈现了良好的界面结合。比如，从断面微观结构上可以看出，两种涂层和 GDC 层之间的结合良好，说明在共烧结过程中没有发生界面开裂。此外，LSGM 双层结构内部也表现出了良好的界面结合，以至于难以从涂层的断面分辨出双层之间的界限。因此，共烧结方法可以有效地将沉积的两层涂层合并为一种涂层，加上两种涂层相同的成分，涂层之间的界面电阻可以忽略。

晶粒尺寸的变化是涂层发生烧结的一个重要特征，图 4-13 总结了原始粉末、喷涂态涂层以及涂层经过热处理后的平均晶粒尺寸。可以看出，原始粉末的平均晶粒尺寸为 1.5μm，经过真空冷喷涂沉积后，沉积态涂层中平均晶粒尺寸降低到 0.13μm。由第 3 章可知，在真空冷喷涂过程中亚微米尺寸的 LSGM 颗粒具有较高的撞击速度，从而在沉积过程中发生断裂，沉积得到的薄涂层中，尺寸小于 200nm 的颗粒占到总颗粒数的 73%。在本章中，颗粒的平均晶粒尺寸的降低也是由于颗粒沉积过程中发生断裂造成的。对于经过热处理后的单一涂层，如 V2、V4 和 V8 涂层，晶粒尺寸随涂层厚度的增加而增加；对于双层共烧结得到的涂层，即 V2-4 和 V4-2，前者的平均表面晶粒尺寸也大于后者，因此，对于真空冷喷涂 LSGM 而言，双层结构涂层的烧结行为与单层涂层的烧结行为是一致的。

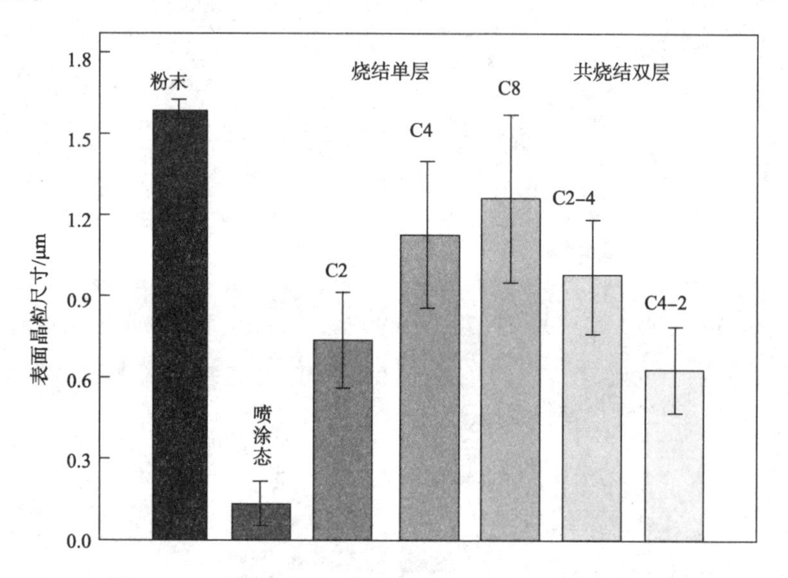

图 4-13 原始粉末以及不同 LSGM 涂层的表面晶粒尺寸

通过双层结构设计优化，采用共烧结辅助真空冷喷涂的方法制备致密 LSGM 涂层的示意图如图 4-14 所示。整个过程可以描述为：首先，第一层 LSGM 通过真空冷喷涂沉积到基体上；然后经过一次高温烧结后涂层表面除了少部分由于受限烧结而产生的裂纹外，涂层表面大部分变得致密；随后，为了封堵受限烧结产生的表面裂纹，采用真空冷喷涂的方法制备一层涂层，该层沉积于已经烧结的第一层涂层上；最后，将双层结构进行共烧结，从而使得两层涂层合并为一层，最终得到致密的 LSGM 涂层。

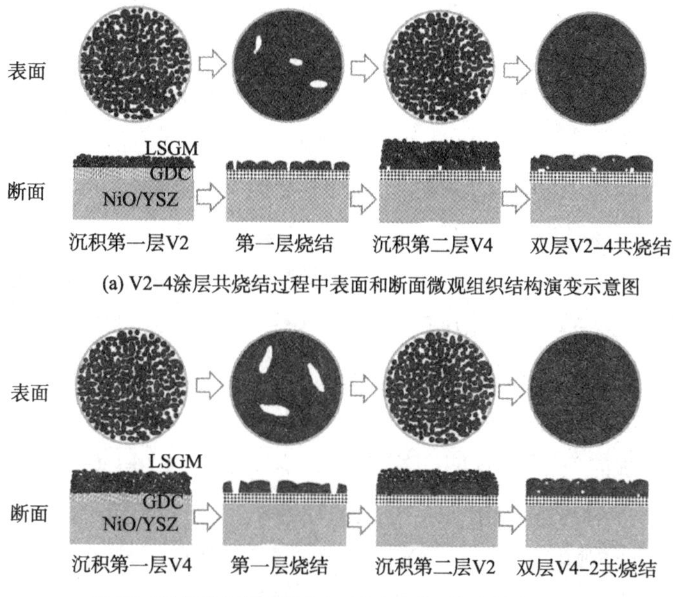

图 4-14　共烧结辅助真空冷喷涂法制备致密 LSGM 电解质涂层的过程中表面和断面微观组织结构的演变示意图

4.4　单电池输出性能测试

4.4.1　单电池空载电压

对 SOFC 而言，单电池的空载电压可由能斯特(Nernst)方程给出：

$$E_r = \frac{RT}{4F} \ln \frac{P_{O_2(\mathrm{Cathode})}}{P_{O_2(\mathrm{Anode})}} \tag{4-2}$$

式中　E_r——可逆电动势，V；

R——气体摩尔常数，$R=8.31\mathrm{J/(K \cdot mol)}$；

T——热力学温度，K；

F——法拉第常数，$F=96485.3\mathrm{C/mol}$；

$P_{O_2(\mathrm{Cathode})}$——电池阴极侧的氧分压，Pa；

$P_{O_2(\mathrm{Anode})}$——电池阳极侧的氧分压，Pa。

由式(4-2)可知，SOFC 单电池的可逆电动势随着电池运行温度以及阴极与阳极侧的氧分压的变化而变化。当运行温度一定时，单电池的可逆电动势主要受阴极与阳极两侧的氧分压的影响。单电池的空载电压与阴极侧的氧分压成正比，与阳极侧的氧分压成反比。当电池工作时，通入阳极侧的燃料气体与通入阴极侧的氧化气气体流量与压力一定时，电解质两侧的氧分压主要取决于电解质的气密性。

图 4-15 为两种不同电解质 V2-4 与 V4-2 组装的单电池的空载电压随运行温度的变化。为了方便描述，本节把 V2-4 与 V4-2 组装的单电池分别命名为 Cell A 和 Cell B。可以看出，电池 A 的空载电压要低于电池 B 的空载电压，且两种单电池的最大空载电压，分别为 0.938V 和 0.956V。由于两种电池通入的气体流量都是一样的，从图 4-12 可知，相比于电池 B，电池 A 中共烧结后第二层 C4 存在较多空洞，导致电池 A 中电解质的气密性要低于电池 B，从而电池 A 的空载电压也低于电池 B。Kim 等采用丝网印刷以及共烧结的方法(1450℃热处理 6h)在 Ni 基阳极基体上制备 LSGM 电解质，并组装电池，当 LSGM 电解质的厚度为 10μm 时，电池的最大空载电压仅为 0.4V；当增加一层 GDC 阻挡层，电池的最大空载电压提高至 0.7V。He 等采用浆料涂覆以及共烧结的方法(1400℃热处理 6h)在 Ni 基阳极上制备 LSGM 电解质，并组装电池，当 LSGM 电解质的厚度为 15μm 时，电池的空载电压仅为 0.55V。据文献报道，较低的电池空载电压的产生主要是由于在高温共烧结过程中 Ni 发生了扩散。本章中 LSGM 电解质也是通过共烧结制备的，但是两个单电池的空载电压相比于文献报道中的有所提高，可能是由于当共烧结温度从 1400℃甚至更高降低到 1200℃时，阳极中 Ni 元素的扩散速率变慢或是受到抑制，导致本章中电池的空载电压有所提高。虽然两个电池的开路电压也均低于 1V，但是考虑到电解质的厚度~5μm，采用这种共烧结辅助真空冷喷涂的方法制备的 LSGM 电解质可以满足 SOFC 的运行要求。

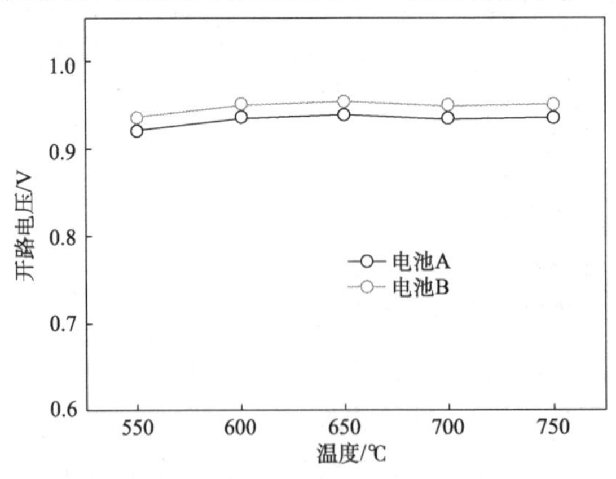

图 4-15　两种单电池空载电压随温度的变化

4.4.2 LSGM 基 SOFC 单电池的输出性能

图 4-16 为电池 A 和电池 B 在不同运行温度下的输出性能。可以看出，对于电池 A 而言，在 600℃ 时的最大输出功率密度为 55mW/cm²，当温度提高到 650℃、700℃和 750℃时，电池的最大输出功率密度也相应提高到 128mW/cm²、178mW/cm²以及 302mW/cm²。对于电池 B 而言，在 600℃时的最大输出功率密度为 109mW/cm²，当温度提高到 650℃、700℃和 750℃时，电池的最大输出功率密度也相应提高到 195mW/cm²、324mW/cm²以及 592mW/cm²。很明显，在同一运行温度下，电池 B 的最大输出功率密度要大于电池 A，而且，在运行温度为 750℃时，电池 B 的最大输出功率密度接近电池 A 的两倍。

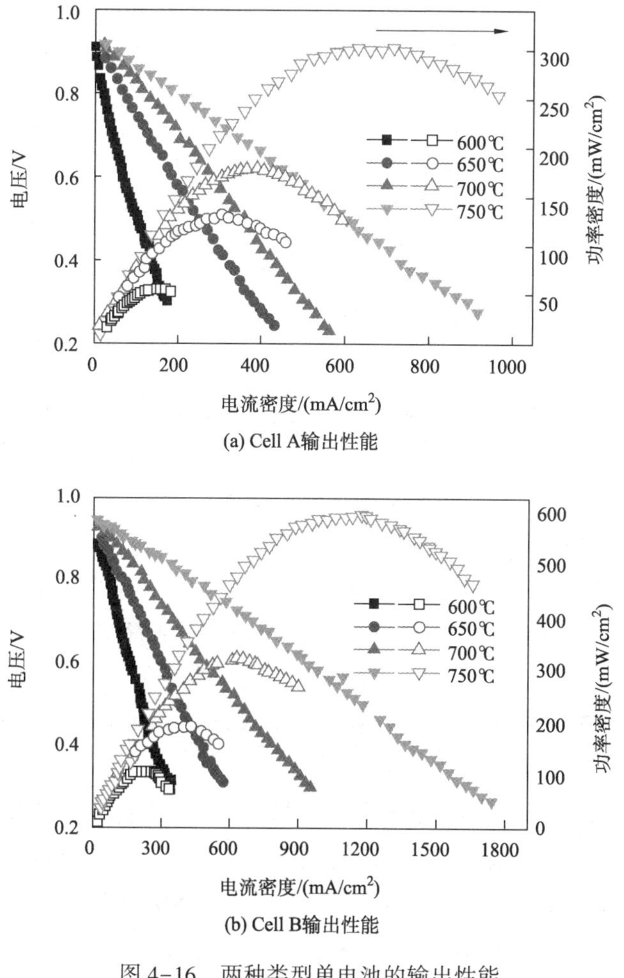

图 4-16　两种类型单电池的输出性能

为了明确两种单电池输出功率密度的差异，在运行温度为750℃时，在空载条件下对两种单电池进行了阻抗测试，测试结果如图4-17所示。在交流阻抗谱图中，根据高频段与实轴的截距可以得到电池的欧姆内阻，高频段与低频段在实轴上的截距之差为电池的极化阻抗。从图中可以看出，电池A和电池B的欧姆内阻分别为0.3Ω·cm^2与0.1Ω·cm^2。由于本章中阴极和阳极的电导率比电解质要高出3个数量级以上，从而认为电池的欧姆内阻主要来自LSGM电解质以及GDC阻挡层。而对于两电池而言，欧姆内阻的差异主要是来自LSGM电解质的不同。对于电池A，V2-4电解质中存在较多的孔洞[图4-12(c)]，这些孔洞阻碍了氧离子在电解质中的运动，从而降低了电解质的离子电导率，增加了电解质的电阻，从而造成欧姆阻抗的增加。对于电池B，相比于电池A，LSGM电解质中孔洞数量明显减少，从而使得LSGM电解质获得了较高的电导率以及较低的阻抗，因此，电池B中欧姆阻抗也随之降低。

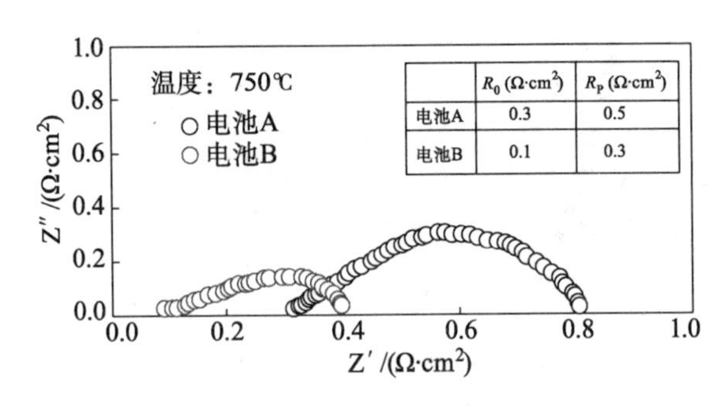

图4-17 两种不同类型单电池在750℃时阻抗测试结果

另外，两种类型单电池极化阻抗分别为0.5Ω·cm^2和0.3Ω·cm^2。极化阻抗主要取决于阴极和阳极以及阴阳极与电解质界面的微观结构。本章中，两种单电池的阳极相似，且它们都与GDC层结合良好。然而，阴极层却与不同的电解质层(V2-4或V4-2)连接，因此，两种类型电池不同的极化阻抗来源于阴极侧的三相界面。由图4-13可知，V4-2表面晶粒尺寸要小于V2-4，这种小晶粒尺寸使得阴极和阳极之间的接触面积增加，从而增加了阴极反应的三相界面的数量，而使得电池B的极化阻抗低于电池A。

两种类型电池输出性能的差异主要来源于LSGM电解质的不同，一方面，共烧结后的LSGM电解质内部结构不同，电池B中LSGM电解质中孔洞等缺陷相对较少，从而获得了较低的欧姆阻抗；另一方面，两种电池不同的结构设计导致共烧结后的LSGM涂层表面晶粒尺寸不同，由于电池B中LSGM表面的晶粒尺寸较小，从而使得阴极反应的三相界面数量增加，促进了电池的阴极反应；这两方面的差异最终导致了电池输出性能的差异。

在本章中，虽然较为致密的共烧结 LSGM 涂层使得电池 B 的输出性能相比于电池 A 的输出性能得到了一定的提升，但是，电池输出性能仍然低于其他一些 LSGM 电解质组装得到的电池的输出性能。比如，Hwang 等采用脉冲激光法制备的厚度~2μm 的 LSGM 致密电解质层，在 600℃时输出功率密度超过 $1W/cm^2$。采用传统的 Ni 基阳极制备 LSGM 电解质时，为了阻止界面反应，通常需要增加一层阻挡层。由于 GDC 除具有较高的离子电导率外，还具有一定的电子电导率，而被用作阻挡层。但是在高温下，GDC 也会与 LSGM 发生一定的反应，生成一定的高电阻相。Hrovat 等观察到将 LSGM 块材与 GDC 块材在 1300℃热处理 300h 过程中，界面生成了厚度~5μm 的 $LaSrGa_3O_7$ 相。本章中电池较低的输出功率可能是由于 1200℃热处理过程中 LSGM 与 GDC 发生部分界面反应而产生的。

表 4-3 总结了文献中报道的采用共烧结方法在 Ni 基阳极上制备的以 LSGM 为电解质的电池的输出性能。从表中可以看出，采用固相法制备的致密 LSGM 电解质层共烧结温度通常超过 1400℃，为了避免界面反应的发生，文献中均采用了 LDC 或是 GDC 作为阻挡层。即便如此，当 LSGM 电解质的厚度小于 15μm 时，经过超过 1400℃高温共烧结后，由于 LDC 或是 GDC 难以烧结致密，多孔的结构导致 Ni 扩散通过阻挡层，加之较高的热处理温度使得部分 Ni 扩散通过 LSGM，使得电池获得了较低的空载电压。对于本章而言，由于将 LSGM 的烧结温度降低到了 1200℃，采用优化的结构设计使得 LSGM 组装得到的电池获得了~0.956V 的开路电压。

表 4-3 采用共烧结方法在 Ni 基阳极基体上制备的 LSGM 电解质组装得到的电池输出性能

参考文献	方法	制备条件	LSGM 厚度	阻挡层层	*T*/℃	燃料	OCV/V	功率密度/(W/cm^2)
[3]	丝网印刷+共烧结	1450℃/6h	10μm	—	—	H_2	0.4	—
		1450℃/6h		GDC	—	H_2	0.7	—
[19]	胶体沉积+共烧结	1400℃/6h	15μm	—	800	H_2	0.55	0.48
[21]	离心沉积+共烧结	1400℃/4h	11μm	LDC	700	H_2	0.9	0.6
[22]	流延成型+共烧结	1460℃/5h	130μm	—	700	H_2	1.02	0.41
[23]	等压成型+共烧结	1400℃/5h	200μm	SDC	800	CH_4	0.88	0.246
[24]	等压成型+共烧结	1400℃/5h	200μm	SDC	800	CH_4	0.88	0.215
本书	真空冷喷涂+共烧结	1200℃/5h	5μm	GDC	750	H_2	0.956	0.592

4.5 主要参考文献

[1] Prakash BS, Balaji N, Kumar SS, et al. Properties of nano-structured Ni/YSZ anodes fabricated from plasma sprayable NiO/YSZ powder prepared by single step solution combustion method[J]. Appl Surf Sci, 2016, 389: 983-989.

[2] Wang LS, Li CX., Li GR., et al. Enhanced sintering behavior of LSGM electrolyte and its performance for solid oxide fuel cells deposited by vacuum cold spray [J], Journal of the European Ceramic Society, 2017, 37(15): 4751-4761.

[3] Kim KN, Kim BK, Son JW, et al. Characterization of the electrode and electrolyte interfaces of LSGM-based SOFCs[J]. Solid State Ion, 2006, 177(19-25): 2155-2158.

[4] Hrovat M, Ahmad-Khanlou A, Samardzija Z, et al. Interactions between lanthanum gallate based solid electrolyte and ceria[J]. Mater Res Bull, 1999, 34(12-13): 2027-2034.

[5] Zhang NQ, Sun KN, Zhou DR, et al. Study on properties of LSGM electrolyte made by tape casting method and applications in SOFC[J]. J Rare Earth, 2006, 24: 90-92.

[6] Xia CR, Chen FL, Liu ML. Reduced-temperature solid oxide fuel cells fabricated by screen printing[J]. Electrochem Solid St, 2001, 4(5): A52-A54.

[7] Kim SG, Yoon SP, Nam SW, et al. Fabrication and characterization of a YSZ/YDC composite electrolyte by a sol-gel coating method[J]. J Power Sources, 2002, 110(1): 222-228.

[8] Hong JE, Ida S, Ishihara T. Decreased sintering temperature of anode-supported solid oxide fuel cells with La-doped CeO_2 and Sr- and Mg-doped $LaGaO_3$ films by Co addition[J]. J Power Sources, 2014, 259: 282-288.

[9] Toma FL, Bertrand G, Chwa SO, et al. Microstructure and photocatalytic properties of nanostructured TiO_2 and TiO_2-Al coatings elaborated by HVOF spraying for the nitrogen oxides removal[J]. Mater Sci Eng A, 2006, 417(1-2): 56-62.

[10] Chun DM, Ahn SH. Deposition mechanism of dry sprayed ceramic particles at room temperature using a nano-particle deposition system[J]. Acta Mater, 2011, 59(7): 2693-2703.

[11] Xia CR, Liu ML. Low-temperature SOFCs based on $Gd_{0.1}Ce_{0.9}O_{1.95}$ fabricated by dry pressing[J]. Solid State Ion, 2001, 144(3-4): 249-255.

[12] Akedo J. Aerosol deposition of ceramic thick films at room temperature: Densification mechanism of ceramic layers[J]. J Am Ceram Soc, 2006, 89(6): 1834-1839.

[13] Shinozaki M, Clyne TW. A methodology, based on sintering-induced stiffening, for prediction of the spallation lifetime of plasma-sprayed coatings[J]. Acta Mater, 2013, 61(2): 579-588.

[14] Cipitria A, Golosnoy IO, Clyne TW. A sintering model for plasma-sprayed zirconia thermal barrier coatings. Part II: Coatings bonded to a rigid substrate [J]. Acta Mater, 2009, 57(4): 993-1003.

[15] Gibson IR, Dransfield GP, Irvine JTS. Sinterability of commercial 8 mol% yttria-stabilized zirconia powders and the effect of sintered density on the ionic conductivity [J]. J Mater Sci, 1998, 33(17): 4297-4305.

[16] Henrich B, Wonisch A, Kraft T, et al. Simulations of the influence of rearrangement during sintering[J]. Acta Mater, 2007, 55(2): 753-762.

[17] Singhal SC. High Temperature Solid Fuel Cells: Fundamentals, Design and Application[M]: Elsevier, 2004.

[18] Kim KN, Kim BK, Son JW, et al. Characterization of the electrode and electrolyte interfaces of LSGM-based SOFCs[J]. Solid State Ion, 2006, 177(19-25): 2155-2158.

[19] He TM, He Q, Pei L, et al. Doped lanthanum gallate film solid oxide fuel cells fabricated on a Ni/YSZ anode support[J]. J Am Ceram Soc, 2006, 89(8): 2664-2667.

[20] Hwang J, Lee H, Lee JH, et al. Specific considerations for obtaining appropriate $La_{1-x}Sr_xGa_{1-y}Mg_yO_{3-\delta}$ thin films using pulsed-laser deposition and its influence on the performance of solid-oxide fuel cells[J]. J Power Sources, 2015, 274: 41-47.

[21] Guo WM, Liu J, Zhang YH. Electrical and stability performance of anode-supported solid oxide fuel cells with strontium- and magnesium-doped lanthanum gallate thin electrolyte[J]. Electrochim Acta, 2008, 53(13): 4420-4427.

[22] Fukui T, Ohara S, Murata K, et al. Performance of intermediate temperature solid oxide fuel cells with La(Sr)Ga(Mg)O_3 electrolyte film[J]. J Power

Sources, 2002, 106(1-2): 142-145.

[23] Morales M, Roa JJ, Tartaj J, et al. Performance and short-term stability of single-chamber solid oxide fuel cells based on $La_{0.9}Sr_{0.1}Ga_{0.8}Mg_{0.2}O_{3-\delta}$ electrolyte [J]. J Power Sources, 2012, 216: 417-424.

[24] Morales M, Perez-Falcon JM, Moure A, et al. Performance and degradation of $La_{0.8}Sr_{0.2}Ga_{0.85}Mg_{0.15}O_{3-\delta}$ electrolyte-supported cells in single-chamber configuration[J]. Int J Hydrogen Energy, 2014, 39(10): 5451-5459.

5

LSGM电解质真空冷喷涂技术低温致密化工艺调控

由上一章可知，通过共烧结辅助真空冷喷涂的方法，可以实现 LSGM 电解涂层的低温烧结致密化。然而通过后续热处理的方法无疑增加了电池制备过程的复杂性。如何直接利用真空冷喷涂实现 LSGM 涂层的低温致密化成为关键所在。已有的研究结果表明，在真空冷喷涂中，涂层的致密度取决于碰撞颗粒沉积到基体或是已沉积涂层上发生的后续变化，如变形、碎裂以及压实作用，而颗粒的动能是颗粒发生后续变化的能量来源。要想获得高致密度的涂层，必须提高颗粒的碰撞速度。从而对颗粒在撞击基体前的加速行为进行探究尤为重要。

而在真空冷喷涂中，颗粒主要通过在喷嘴中的加速来获得速度，喷涂参数又对颗粒的加速行为产生影响。据报道，在真空冷喷涂过程中采用具有收缩扩张作用的 Laval 喷嘴将会大大提升气流的速度，从而颗粒的速度也得到很大提升。同时，采用气体预热将有助于提高涂层内部颗粒的结合。本章基于 Laval 喷嘴，探究气体温度对真空冷喷涂 LSGM 沉积单元、相结构以及微观组织结构的影响；同时对不同气体温度下制备的涂层的电学性能及力学性能进行分析，最后通过组装电池，探究气体温度对电池输出性能的影响。

5.1 试验材料及方法

5.1.1 原始粉末和基体材料的选择

本章采用的 LSGM 粉末与前两章相同。收集沉积单元的基体采用合肥科晶有限公司生产的抛光单晶 Al_2O_3(0001)基体。为保证一致性，采用 Al_2O_3(0001)的单晶基体制备真空冷喷涂 LSGM 涂层，用于微观结构的观察以及电导率和机械性能的测量。本书中的微观结构均采用 SEM 进行观察，相结构采用 X 射线衍射分析仪进行分析。

5.1.2 涂层的制备方法

本书采用的真空冷喷涂设备与前两章相同。不同的是，为了获得颗粒速度的提升，本章采用的是圆形 Laval 喷嘴，如图 5-1 所示。根据数值计算结果可知，基于该喷嘴气流的速度以及颗粒的速度可以得到大大提升。在相同入口压力下，LSGM 颗粒基于 Laval 喷嘴获得的碰撞速度相当于通过 Converging 喷嘴获得碰撞速度的 2 倍，且气体温度对颗粒速度的影响比较显著。图 5-2 所示为基于 Laval 喷嘴，在入口压力为 0.04MPa 时，真空冷喷涂 LSGM 颗粒的碰撞速度以及气体温度对 LSGM 颗粒碰撞速度的影响。从图 5-2(a)中可以看出，颗粒的碰撞速度与颗粒尺寸相关，当颗粒尺寸在200nm以下时，颗粒的碰撞速度几乎接近0，与Converging喷嘴相似，均是由于基体前激波的影响。当颗粒尺寸增加到300nm和500nm时，颗粒平均速度迅速增加到600m/s以及1000m/s以上。随颗粒尺寸进一步增加，颗粒的碰撞速度呈现下降的趋势。值得注意的是，当采用Laval喷嘴时，尺寸为3μm的LSGM颗粒仍然能获得高达480m/s的平均碰撞速度，而采用Converging喷嘴时，平均碰撞速度仅为264m/s。因此，基于Laval喷嘴，LSGM颗粒可以获得更高的碰撞速度。从图5-2(b)中可以看出，不采用气体预热时，1.5μm的LSGM颗粒的平均碰撞速度为715m/s；当气体预热温度为200℃和400℃时，LSGM颗粒的平均碰撞速度分别增加到940m/s和1250m/s。因此，气体预热可以使得颗粒的碰撞速度得到显著提升。

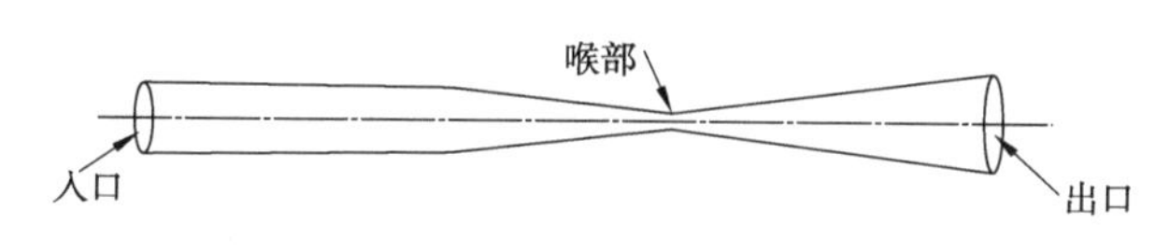

图5-1　Laval喷嘴模型图

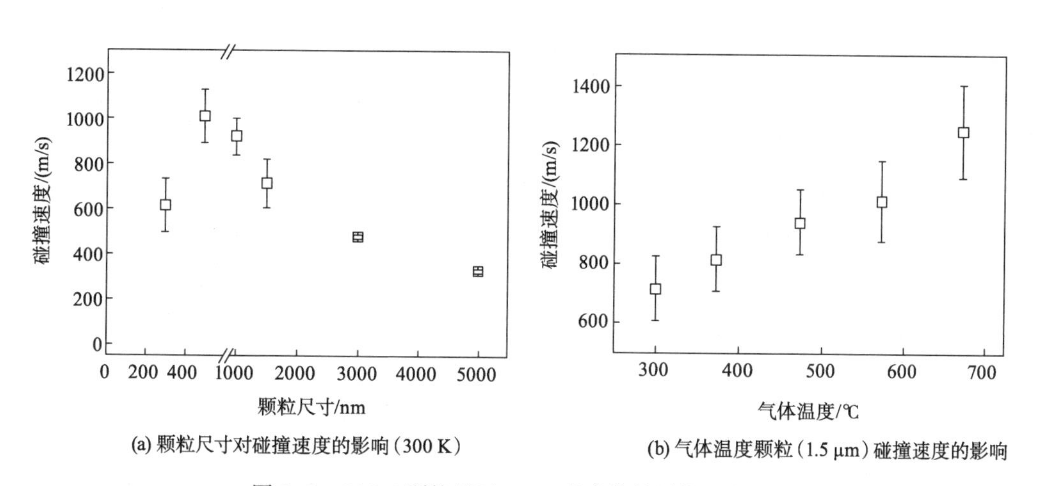

图5-2　LSGM颗粒基于Laval喷嘴获得颗粒碰撞速度

基于气体温度对颗粒速度的提升作用，本章对通过喷嘴的气体进行加热，气体预热装置置于真空腔室内部，采用加热棒加热铜柱的方式对通过铜柱的气体和粉末进行加热，采用热电偶对温度进行精确控制。对通过铜柱的气流的加热效果进行计算，可以达到预期的效果。气体温度设定为室温(25℃)、200℃和400℃。

首先，基于Laval喷嘴，对真空冷喷涂LSGM粉末在不同气体温度条件下的沉积得到的单个颗粒进行收集，对不同温度条件下的沉积单元进行分析。与第3章相同，为了在基体上得到分散的粒子，在送粉罐中仅加入0.05g LSGM粉末，喷枪移动速度设定为20mm/s。其次，采用LSGM粉末制备涂层时，气体温度从室温变化到400℃，送粉罐中加入粉末的质量为5g，喷枪移动速度设定为2mm/s，喷涂参数见表5-1。

表5-1 基于Laval喷嘴制备真空冷喷涂LSGM涂层的喷涂参数

参　　数	单　　位	数　　值
腔室压力	Pa	120~150
入口压力	MPa	0.1
气体流量	L/min	3.5
喷涂距离	mm	5
喷枪移动速度	mm/s	2
喷涂遍数	times	1、5
气体	℃	25、200、400

另外，对制备得到的LSGM涂层进行电导率的表征和分析。由于真空冷喷涂制备的涂层厚度较薄，难以去除基体，获得自由涂层直接对电导率进行测量。考虑到真空冷喷涂涂层形成过程中，颗粒发生破碎，涂层内部纵向和横向上组织结构差别并不明显，因此，本章采用直流两电极法测量沉积于单晶Al_2O_3基体上的LSGM涂层横向电导率。

两电极法电导率测试示意图如图5-3所示。首先，在单晶Al_2O_3基体上沉积长和宽都为10mm的LSGM涂层，然后采用银浆涂覆于LSGM电解质表面用作电极，两电极之间的距离设为2mm，银浆涂覆完成后，置于烘箱中200℃处理2h，热处理的目的一方面使银浆固化，另一方面使得银浆与涂层能形成良好的结合。采用恒定电位仪(Solartron SI 1260/1287，Hampshire，English)进行电导率测量，测量温度范围为500~750℃。

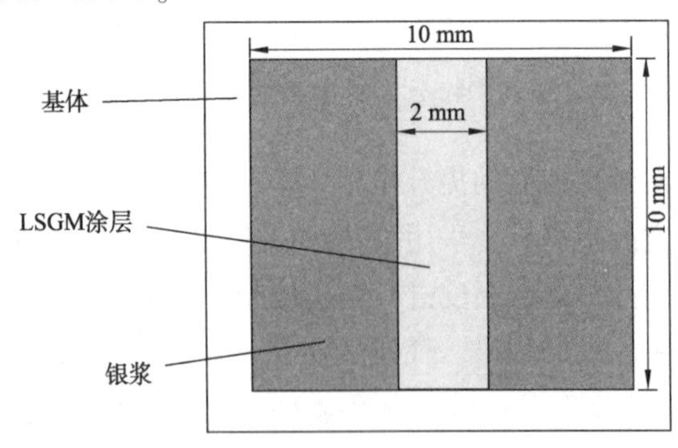

图5-3　两电极法电导率测试示意图

对于力学性能的测量样品，制备方法与电导率测试样品的制备方法相似，采用表 5-1 所示的喷涂参数制备测试样品。由于传统力学性能测试方法压痕法，如努氏压痕法，往往是通过将一定形状的压头在一定的载荷下垂直压入被测材料，保持一定时间后卸载，量取压痕形状尺寸，通过简单计算而得到被测材料的力学性能。而传统的压痕法只能测量较厚涂层或者尺度较大的试样，对于小试样、薄涂层则存在较大误差。而近年来发展的纳米压痕技术则可以克服传统压痕法的缺点，用于测量小试样、薄涂层的力学性能。纳米压痕技术是通过压头位移-载荷曲线得到被测材料的力学性能，如硬度、弹性模量等。图 5-4 为 Oliver 等给出的经典纳米压入试验中加载卸载过程中的载荷-位移（P-h）曲线。样品的硬度 H 可由式(5-1)给出。

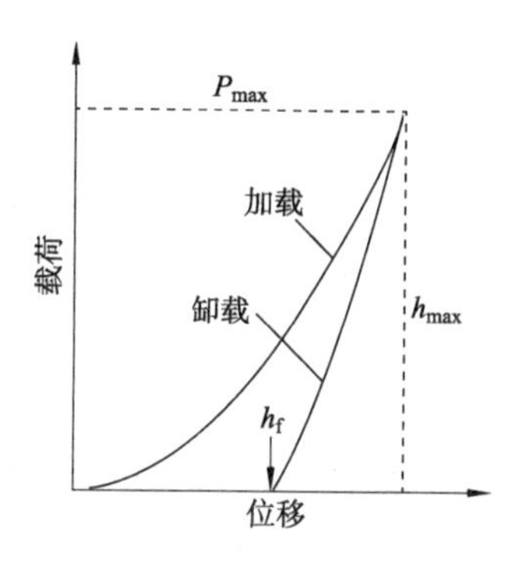

图 5-4　纳米压入试验的载荷-位移曲线

$$H=\frac{P_{max}}{A} \tag{5-1}$$

式中　H——硬度；

P_{max}——最大载荷；

A——接触面积。

样品的弹性模量 E 可由式(5-2)和式(5-3)给出。

$$E_{eff}=\frac{1-v^2}{E}+\frac{1-v_i^2}{E_i} \tag{5-2}$$

$$E_{eff}=\sqrt{\frac{\pi}{A}}\frac{S}{2\beta} \tag{5-3}$$

式中　E——被测材料的弹性模量；

E_{eff}——有效弹性模量；

E_i——压头弹性模量；

v_i——压头泊松比；

v——被测材料的泊松比；

S——接触刚度；

β——与压头相关的常数。

同时，Oliver 等给出了材料在纳米压入加载和卸载过程中表征压头和材料接触的几何参数示意图，如图 5-5 所示。由于本章所测真空冷喷涂 LSGM 电解质涂层的厚度较薄，因此，采用纳米压入的方法对涂层的硬度和弹性模量进行表征。

所采用的压头为 Berkovich 压头，其形状为三棱锥形，中心线与面的夹角为 65.3°。测试过程中采用载荷控制，最大载荷为 100mN，加载和卸载时间均采用 15s，保载时间为 30s。

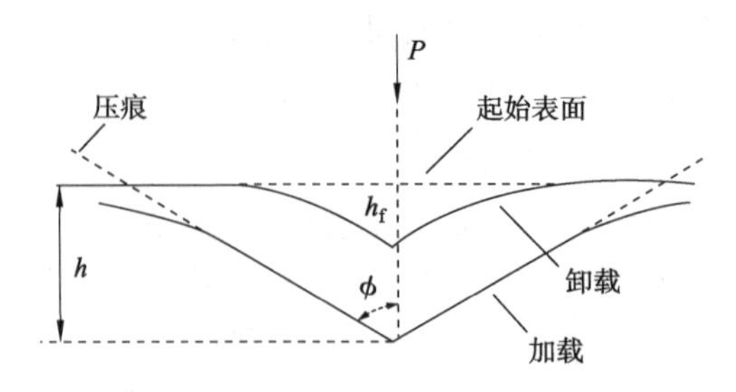

图 5-5 材料纳米压入试验加载和卸载过程中压头和材料接触示意图

5.2 LSGM 基单电池的制备与性能表征

本章中，采用阳极支撑型的单电池，阳极支撑体材料与上一章中相同，即商用的 NiO/YSZ 阳极基体，表面带有一层厚度为 2~3μm 的 GDC 层，为了更好地实现涂层的沉积，本章也对 GDC 层表面进行 10 次浸渗抛光处理。

在抛光后的 NiO/YSZ-GDC 基体上进行 LSGM 涂层的制备，涂层制备工艺参数与上一节相同。为了提高电池的稳定性，制备的 LSGM 电解质厚度提高到约 10μm。电解质制备完成后，采用丝网印刷法在电解质表面涂覆厚度约 20~30μm 的 LSCF 阴极。丝网印刷制备 LSCF 阴极的方法见第 4 章，最后，将整个单电池在 1080℃下热处理 2h。热处理既能增强 LSCF 阴极与 LSGM 电解质之间的结合，又能使得有机物挥发，从而得到多孔的 LSCF 阴极层。

单电池制备完成后，分别在阴极和阳极表面均匀涂覆一层银浆作为电流汇流层。涂覆完成后，将样品置于 200℃的烘箱中热处理 2h，使银浆固化导电。性能测试过程中，燃料气体采用加湿的氢气（97% H_2+3% H_2O），阴极侧的氧化气体采用氧气。阴极和阳极两侧的气体流量都采用质量流量计精确控制，燃料气流量采用 0.1slpm，氧气流量采用 0.15slpm。整个测试过程在加热炉中进行，加热炉温度由热电偶精确控制，升温和降温速率都设为 3℃/min。首先，通入氢气后，将温度升高到 750℃，保温 2h 后，将阳极中的 NiO 充分还原为 Ni，在降温阶段分别对电池的开路电压和输出性能进行测量。

5.3 不同气体温度下 LSGM 单个粒子形貌

由于本章采用的 LSGM 粉末的平均粒径为 1.5μm，因此，在基体上选用沉积粒径为 1.5μm 左右的 LSGM 颗粒进行观察，以与原始粉末颗粒进行比较。在抛光 Al_2O_3 上收集得到的尺寸约 1.5μm 的单个 LSGM 颗粒的形貌如图 5-6 所示。当不采用气体预热时，如图 5-6(a)所示，颗粒形貌与原始颗粒形貌相似，颗粒没有发生变形，但是在颗粒的表面发现了新形成的裂纹，裂纹从颗粒的一侧扩展到中心，但是颗粒并没有完全断裂；当气体温度增加至 200℃时，如图 5-6(b)所示，颗粒发生变形，并且裂纹从颗粒的一侧扩展到另一侧，使得颗粒断裂为两部分。另外，相比于室温下沉积得到的粒子，其表面裂纹宽度增加；当气体温度进一步增加至 400℃时，如图 5-6(c)所示，颗粒同样发生变形，且裂纹向各个方向扩展，将颗粒分成几部分。结果表明，随气体温度的增加，LSGM 颗粒撞击基体后，其扁平化变形程度以及开裂程度都随之增加。

图 5-6　不同气体温度下真空冷喷涂 LSGM 的沉积单元

在真空冷喷涂颗粒沉积过程中，颗粒的动能是颗粒沉积的主要能量来源，在撞击基体过程中，颗粒的动能转化为颗粒的断裂能、变形能以及结合能，从而在颗粒能实现沉积的前提下，其具有的动能越大，其破碎变形程度也越大。在真空冷喷涂过程中，对于尺寸相当的 LSGM 颗粒而言，其颗粒碰撞速度与加速气体温度相关，如图 5-2(b)所示，随气体温度的增加，颗粒的碰撞速度随之增加。对于尺寸相当的 LSGM 颗粒而言，在较高的气体温度下，颗粒具有的动能也较大，从而颗粒发生变形破碎的程度也越大。

基于颗粒的碰撞变形行为，本章对 LSGM 颗粒在不同气体温度下的沉积行为进行了总结，如图 5-7 所示。当不采用气体预热时，如图 5-7(a)所示，颗粒撞击到基体后，由于动能不足，颗粒仅发生部分破碎，当随后的颗粒沉积到已沉积的颗粒上时，第一层沉积颗粒被进一步压实，但是碎片间仍存在较大的间隙，从而仅能得到多孔的涂层。当气体温度增加至 200℃时，较高的碰撞压力使得颗粒发生变形，且破碎程度增加，碎片尺寸降低，当受到随后颗粒的压实作用后，碎片间的间隙尺寸降低。当气体温度增加至 400℃时，高的撞击压力使得颗粒发生严重的断裂变形，碎片尺寸进一步降低，当受到后续颗粒的压实作用后，碎片间的间隙进一步降低，颗粒间的结合进一步增强。因此，提高气体预热温度，大大提高了颗粒的动能和撞击压力，则在颗粒撞击基体后，颗粒断裂成碎片的尺寸减小，依靠后续高速颗粒的进一步撞击压实，碎片间的间隙得到进一步降低，进而提高了涂层内部颗粒间的结合。

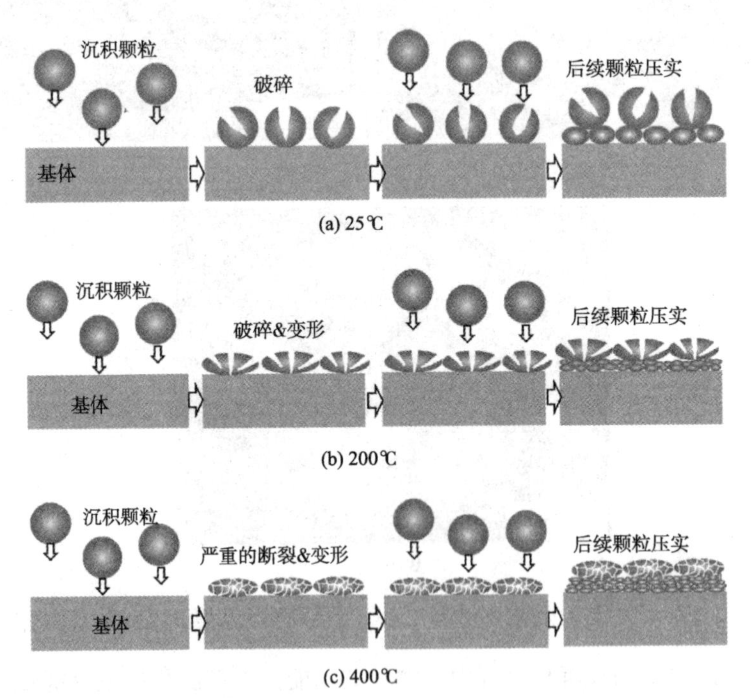

图 5-7　不同气体预热温度下，真空冷喷涂 LSGM 颗粒的碰撞变形行为示意图

5.4 气体温度对真空冷喷涂 LSGM 涂层相结构的影响

对真空冷喷涂而言，在较低沉积温度下即可实现颗粒沉积是其非常重要的一个优点。由于在喷涂过程中粉末以固态颗粒的形式进行沉积，而不发生熔化，因此，涂层沉积过程中一般不会发生相结构的改变，能够保持与原始粉末相同的相结构，这也是真空冷喷涂的优点之一。对于 LSGM 这种多组分材料而言，其在制备过程中，很容易使得元素的化学计量比发生偏移，导致材料中产生杂相，杂相的产生影响其电学性能。

图 5-8 为不同气体预热温度下，涂层的 XRD 图谱。从图 5-8(a)中可以看出，在无气体预热的情况下，相结构图中除了基体 Al_2O_3 相外，全为钙钛矿结构 LSGM 相，这种涂层相结构与原始粉末一致，表明 LSGM 涂层在低温沉积过程中并未发生相结构的改变。当气体预热温度提升到 200℃和 400℃时，涂层的相结构也与原始粉末以及不采用气体预热的涂层的相结构相同，表明虽然采用了低温气体预热，但是 LSGM 涂层的相结构并未发生改变，仍为钙钛矿结构的 LSGM 相。

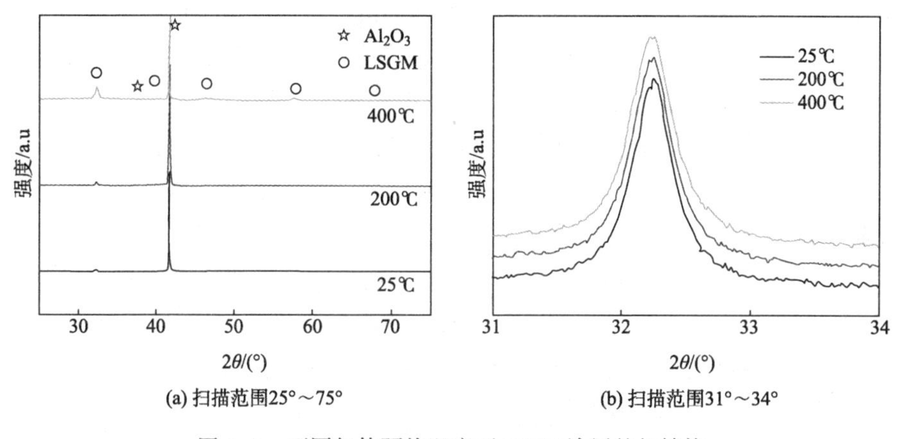

(a) 扫描范围25°～75°　　(b) 扫描范围31°～34°

图 5-8　不同气体预热温度下 LSGM 涂层的相结构

另外，从图中可以看出，经过气体预热后，LSGM 涂层的相结构没有改变，表明气体预热没有改变涂层的相结构。但是明显可以看出，相比于未采用气体预热的涂层，经过气体预热后，涂层的特征峰峰强增加，且特征峰也发生了宽化。为了更加清晰地表征这种变化，本研究对 LSGM 在 31°～34°范围内的特征峰进行慢扫，如图 5-8(b)所示，从图中可以看出，随气体温度的增加，特征峰的强度增加，峰宽也随着相应地增加，根据谢乐公式(式 5-4)，对一种特定的衍射峰而言，晶粒尺寸随衍射峰半高宽的增加而降低，从而可以推断出，LSGM 涂层的晶粒尺寸随气体温度的增加而降低。

$$D=\frac{K\gamma}{B\cos\theta} \tag{5-4}$$

式中 D——晶粒尺寸；

K——谢乐常数；

γ——X 射线波长；

B——衍射峰半高宽；

θ——布拉格衍射角。

5.5 气体温度对真空冷喷涂 LSGM 涂层微观结构的影响

不同气体预热温度下，在 Al_2O_3基体上得到的 LSGM 涂层的表面形貌如图 5-9 所示。从表面形貌图中可以看出，在无气体预热的情况下，如图 5-9(a)所示，涂层表面较为粗糙，且颗粒之间虽然相互连接，但是呈较为分散的状态，沉积颗粒基本无扁平化现象发生，除此之外，可以看到发生部分碎裂的颗粒(图中白色箭头所示)，这种现象与图 5-6(a)收集得到的沉积单元的微观形貌相对应；当气体温度增加到 200℃时，如图 5-9(b)所示，可以看出，涂层表面颗粒尺度有所降低，且可以观察到发生扁平化的颗粒(图中白色箭头所示)，这也与图 5-6(b)相对应，表明气体预热提高了颗粒的撞击速度，使得动能转化得到的颗粒断裂能量和颗粒的变形能量增加，颗粒发生进一步破碎以及扁平化。当气体温度进一步增加到 400℃时，如图 5-9(c)所示，涂层表面同样观察到了发生变形破碎的颗粒(图中白色箭头所示)，与图 5-6(c)相对应，颗粒碰撞后的扁平化程度进一步增加，沉积到基体上的颗粒尺寸进一步降低，表明气体温度增加到 400℃时，具有更大动能的颗粒撞击基体时，颗粒扁平化和碎裂化程度也相应得到提高。

图 5-10 为不同气体预热温度下涂层表面的三维形貌图。对比可以看出，涂层表面的粗糙度随气体预热温度的增加呈现先降低后增加的现象。气体温度为室温、200℃和 400℃时，涂层表面的平均粗糙度分别约为 1.26μm、0.92μm 以及 1.12μm。当气体温度从室温增加到 200℃时，颗粒扁平化程度增加，使得涂层表面粗糙度降低；当温度进一步增加到 400℃时，虽然颗粒扁平化程度增加，但是由于原始颗粒存在一定的粒度分布，大尺寸的 LSGM 颗粒在高气体温度下获得更高的速度，当大尺寸颗粒高速撞击到已沉积涂层时，就会在涂层表面产生一定尺寸的凹坑，从而造成了涂层粗糙度的进一步增加。

(a) 25℃ (b) 200℃ (c) 400℃

图 5-9　不同气体温度下得到的 VCS LSGM 沉积单元的形貌

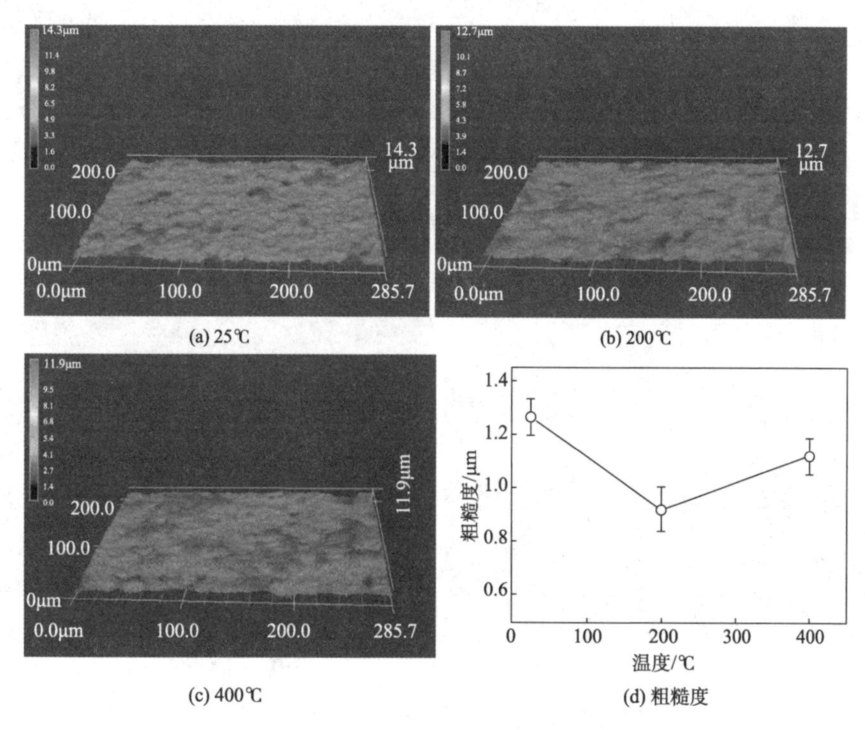

(a) 25℃ (b) 200℃ (c) 400℃ (d) 粗糙度

图 5-10　不同气体温度下真空冷喷涂 LSGM 涂层表面三维形貌图及粗糙度

图 5-11 所示为不同气体预热温度下，得到的 LSGM 涂层断面的低倍和高倍微观组织形貌图。从图中可以看出，不同的气体预热温度下得到的涂层断面厚度不同，且断面微观组织结构有所差别，随气体温度的增加，涂层的厚度降低，表明较高的气体温度使得颗粒具有较高的碰撞速度，从而碰撞夯实作用增强，涂层表现为断面厚度的降低。

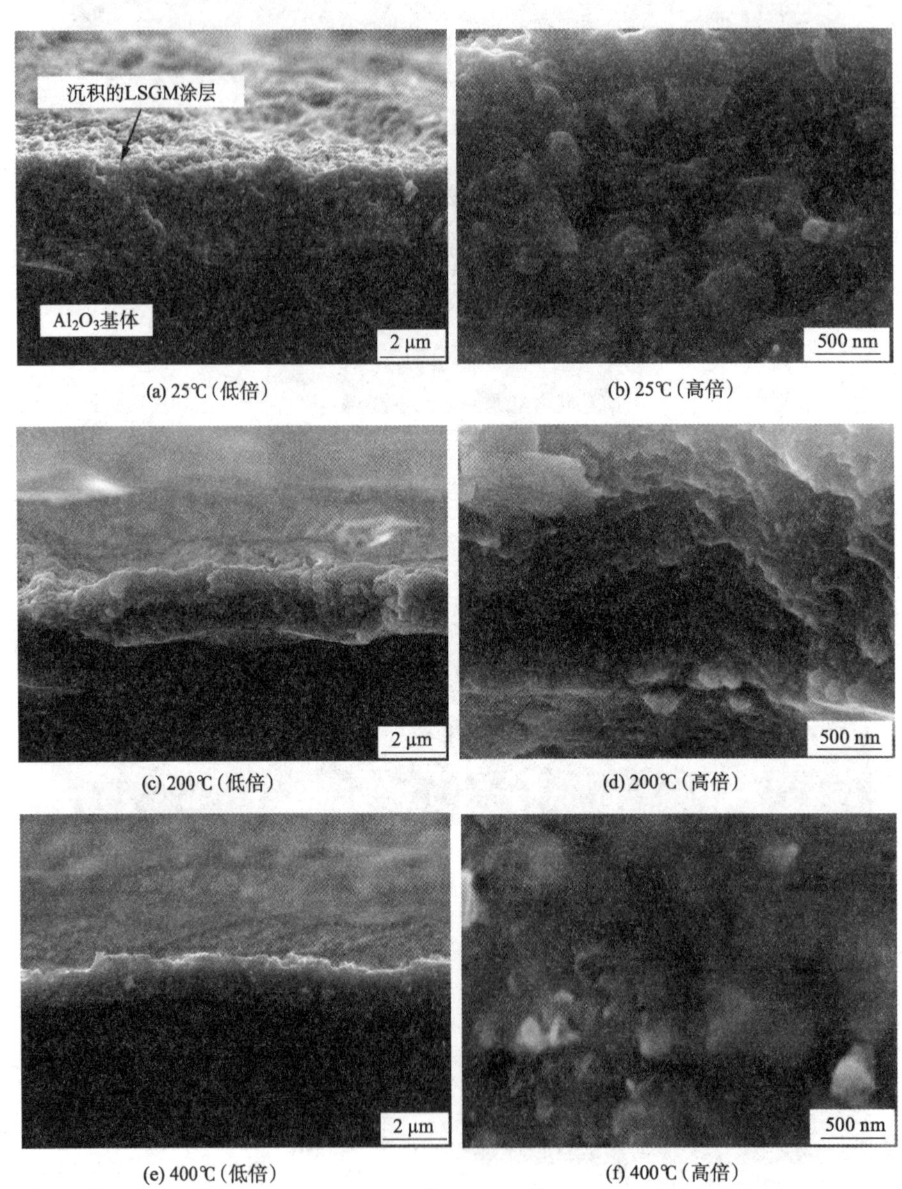

(a) 25℃（低倍） (b) 25℃（高倍）

(c) 200℃（低倍） (d) 200℃（高倍）

(e) 400℃（低倍） (f) 400℃（高倍）

图 5-11 不同气体温度下沉积得到的 VCS LSGM 涂层的断面形貌

如图 5-11(a~b)中 LSGM 涂层的断面低倍图和高倍图所示，当气体温度为室温时，涂层断面上颗粒尺寸相对较大，并且颗粒间界面明显，涂层内部颗粒之间存在间隙。由于在室温下 LSGM 颗粒碰撞速度相对较低，喷涂颗粒在撞击基体后几乎无变形发生，颗粒仅发生部分破碎，从而导致颗粒间间隙的存在，结合较弱。如图 5-11(c~d)中 LSGM 涂层的断面低倍图和高倍图所示，当气体温度进一步提高到 200℃时，涂层内部颗粒尺寸显著降低，并且颗粒间界面变得模糊，颗粒之间间隙进一步降低。这可能是由于当气体温度进一步提高到 200℃时，LSGM 颗粒的碰撞速度得到提高，喷涂颗粒在撞击基体后不仅破碎为几个部分，并且颗粒也发生了一定的扁平化，当受到粒子后续撞击时，颗粒间的间隙进一步降低，从而使得涂层内部颗粒间结合进一步增强。如图 5-11(e~f)中 LSGM 涂层的断面低倍和高倍图所示，当气体温度进一步增加到 400℃时，涂层内部已经难以观察到颗粒间的界面以及颗粒之间的间隙。由于当气体温度升高到 400℃时，LSGM 颗粒的撞击速度得到进一步的提高，喷涂颗粒在撞击基体后发生了严重的破碎，并且颗粒也发生了扁平化，当受到后续颗粒高速碰撞压实后，导致颗粒间结合进一步增强。涂层中颗粒尺寸进一步降低，颗粒之间形成了良好的结合。

另外，对不同气体预热温度条件下 LSGM 涂层的沉积速率进行了统计，如图 5-12 所示。本章采用单位时间内涂层厚度的增加量来表征涂层的沉积速率。当气体预热温度从室温变化到 400℃时，涂层的平均沉积效率分别为 0.67μm/min、0.45μm/min 以及 0.32μm/min，因此，随气体温度的增加，涂层沉积速率降低，表明随颗粒碰撞速度的增加，涂层的夯实作用得到加强，颗粒之间的间隙进一步降低，颗粒间的结合进一步增强。

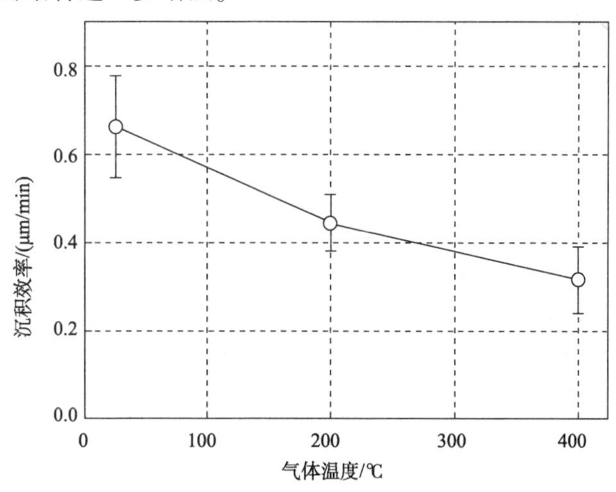

图 5-12　气体温度对 VCS LSGM 沉积效率的影响

5.6 气体温度对真空冷喷涂 LSGM 涂层电导率的影响

本章中制备的 LSGM 涂层用于 SOFC 的电解质层，因此，其氧离子电导率至关重要。本章采用两电极法对不同气体预热温度下制备的涂层的电导率进行了测量。采用恒电位仪测量得到不同气体温度下制备的 LSGM 涂层的 $U-I$ 图，图的斜率即为总的电阻 R。在本章中，电导率可由下式得到。

$$\sigma = \frac{b}{R\delta l} \tag{5-5}$$

式中 b——两电极之间的距离；

δ——涂层的厚度；

l——有效的电极长度。

计算得到的不同温度下各个涂层的电导率如图 5-13 所示。从图中可以看出，对特定的涂层而言，电导率随温度的升高而显著增加。对于室温下沉积的涂层，当温度分别为 600℃和 750℃时，测得的涂层离子电导率的值分别为 4.59×10^{-4}S/cm 和 0.0034S/cm；而对于气体温度为 200℃时制备的涂层，在温度分别为 600℃和 750℃时，测得的涂层离子电导率的值分别为 0.0035S/cm 和 0.0278S/cm；当气体温度进一步增加到 400℃时，在温度分别为 600℃和 750℃时，测得的涂层的离子电导率的值分别为 0.006S/cm 和 0.044S/cm。可见，在 750℃时，经过 200℃气体预热后，涂层的电导率提高了近 10 倍；而当气体温度进一步从 200℃增加到 400℃时，涂层的电导率又进一步提高了 14.8%。

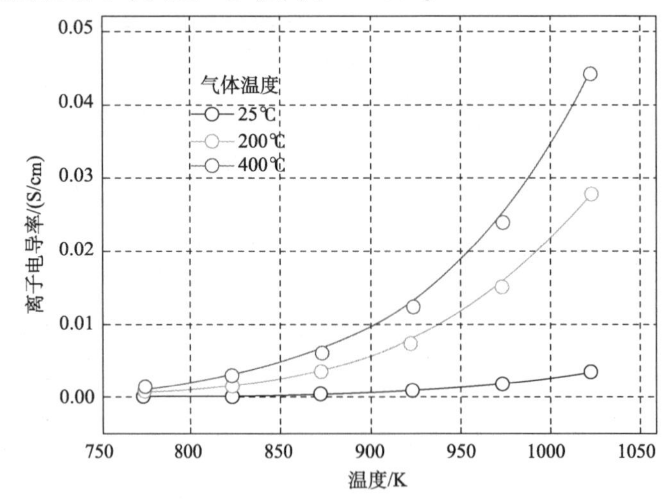

图 5-13 不同气体温度下制备的 LSGM 涂层在不同温度下的离子电导率

在真空冷喷涂过程中，当颗粒高速撞击基体时，会发生颗粒的破碎以及扁平化，先沉积的颗粒经过后续沉积颗粒不断地撞击夯实而形成结合。因此，颗粒之间的结合能主要来源于颗粒的动能，因此，当颗粒具有较高的速度时，其破碎扁平化程度增加，且受到后续颗粒的夯实作用也会加强，涂层内部颗粒之间的结合也会相应增强。对于 LSGM 材料而言，其电导率与其相结构和组织结构密切相关。由于 LSGM 在合成过程中很容易产生杂相 $LaSrGaO_4$或 $LaSrGa_3O_7$，这些杂相的电导率都很低，它们的出现将会降低 LSGM 的电导率。Zhang 等报道了当等离子喷涂 LSGM 中出现第二相 $LaSrGa_3O_7$时，相比于具有单一相结构的涂层，其电导率降低了 1 个数量级以上；Morales 等报道相对密度和相结构共同影响了 LSGM 的电导率，其电导率随相对密度的增加而降低，并且当 LSGM 中含有 $LaSrGaO_4$或 $LaSrGa_3O_7$等第二相时，电导率的降低更为显著；Perez-Coll 等研究了 GDC 电解质的孔隙率对离子电导率的影响，结果表明随电解质内部孔隙率的增加，电导率呈现显著下降。不同气体温度下制备的 LSGM 涂层的相结构均是单一的钙钛矿结构，并无杂相产生，如图 5-8 所示，从而本书中 LSGM 涂层的电导率取决于其内部组织结构，由图 5-11 可知，随气体温度的增加，涂层内部颗粒间的结合更加紧密，这是由于高的气体温度有利于使颗粒获得高的速度，从而使涂层内部颗粒之间形成良好结合，涂层的致密度增加，因此，随气体温度的增加，其电导率也相应地得到提高。

5.7 气体温度对真空冷喷涂 LSGM 涂层力学性能影响

为了进一步表征气体温度对真空冷喷涂 LSGM 涂层内部颗粒结合性能的影响，本书对涂层的力学性能进行了测量对比，所有样品均使用最大载荷为 100mN。图 5-14 为三种涂层的典型加载-卸载曲线。可以看出，三种涂层的压入深度都超过 500nm，对于粗糙度比较大的真空冷喷涂涂层而言，此压入深度可以有效避免涂层表面粗糙度的影响。

图 5-15 为通过加载-卸载曲线计算出的涂层的硬度和弹性模量数值。从图中可以看出，涂层的平均硬度和弹性模量均随气体温度的增加而增加。气体温度分别为 400℃、200℃和 25℃的三种涂层的硬度值分别约为(10.1±4.0)GPa、(8.5±4.6)GPa 和(4.7±3.5)GPa，弹性模量分别约为(236±39)GPa、(207±42)GPa 和(153±24)GPa。涂层的力学性能与涂层的微观结构密切相关。Li 等报道了等离子喷涂制备的涂层的微观组织结构对其力学性能具有显著影响。同样对于真空冷喷涂制备的涂层，其力学性能也受涂层内部组织结构的影响。涂层内部颗粒间结合

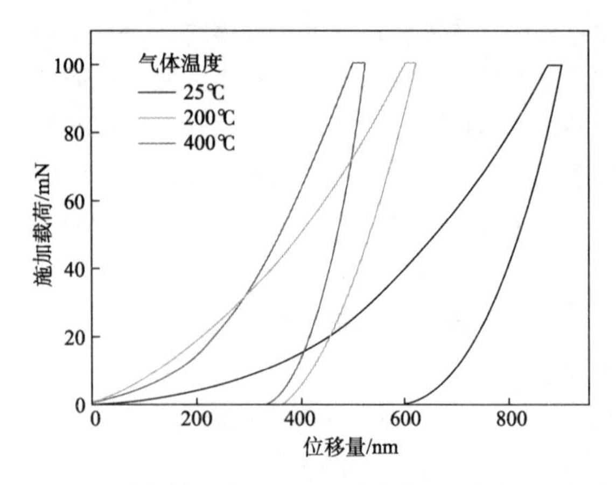

图 5-14　三种气体温度下沉积的涂层典型的加载-卸载曲线

越强，涂层的力学性能也相应得到提高。Chun 等采用纳米压入的方法对真空冷喷涂 Al_2O_3涂层内部颗粒间结合进行了研究，结果表明涂层的硬度和弹性模量均随涂层内部颗粒间结合的增强而增强。因此，在本研究中，随气体温度的增加，LSGM 涂层内部颗粒间结合也相应得到增强，这与图 5-9 与图 5-11 中涂层的微观组织结构相一致。

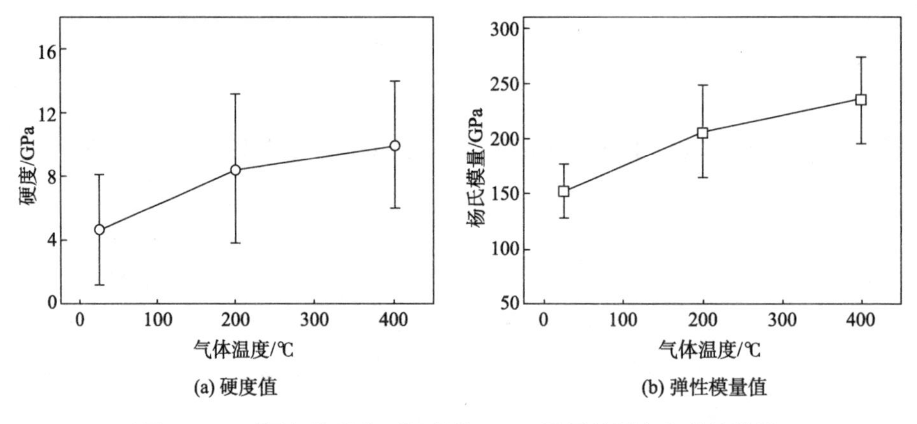

图 5-15　不同气体温度下沉积的 LSGM 涂层的硬度和弹性模量

当气体温度为 400℃时，采用纳米压入的方法测得的涂层的平均硬度和弹性模量分别约为 10.1GPa 和 236GPa，均大于基于传统力学性能测试技术测得的 LSGM 块材的硬度和弹性模量。比如，Pathak 等使用四点弯曲法以及自振频率法测得的 LSGM 块材的弹性模量值分别为(175±4)GPa 以及(176±0.2)GPa。Baskaran 等采用弯曲共振法测得的 $La_{0.9}Sr_{0.1}Ga_{0.8}Mg_{0.2}O_{3-\delta}$块材的弹性模量约为 190GPa，而硬度约为 7GPa。产生这种差异主要是因为传统技术测得的是宏观上的硬度和弹性模量值，不可避免地会受到宏观缺陷的影响，如宏观孔洞、宏观裂纹以及微观大裂纹等。而纳米压入的方法测量的是局部的力学性能，可以有效避免宏观缺陷的影响。但是研究结果表明，当压入深度较小时，有可能会受到纳米尺寸效应的影响，这种影响主要是由样品表面缺陷(如位错、亚微米裂纹、粗糙度以及孔隙等)引起的。其中位错运动的影响最为显著，表现为压入深度越低，硬度越大。一般来说，当压入深度小于100nm时，纳米尺寸效应更为明显。由于本测量中压痕深度都在400nm以上，因此，纳米尺寸效应的影响可以忽略。

经过400℃气体预热后，虽然涂层内部颗粒间形成了良好的结合，并且涂层的致密度也得到了提高，但是其力学性能仍然低于烧结块材。研究者使用纳米压入的方法对致密度分别为95%的 $La_{0.9}Sr_{0.1}Ga_{0.8}Mg_{0.2}O_{3-\delta}$ 块材以及致密度为98%的 $La_{0.85}Sr_{0.15}Ga_{0.8}Mg_{0.2}O_{3-\delta}$ 块材的力学性能分别进行了测量，得到的样品的硬度和弹性模量值分别约为11.25GPa和13.14GPa。表明，所制备的LSGM涂层的致密度仍然低于LSGM块材。另外，图5-15中涂层表面的硬度和弹性模量的公差稍大于文献报道中抛光得到的烧结块材上得到的硬度和弹性模量的公差，这是由于涂层本身的粗糙度造成的。Chun等在使用纳米压入的方法测量硬度和弹性模量时，虽然他们对压入深度进行了优化，得到的硬度和弹性模量的公差范围仍然较大。但是从图5-15中仍然可以看出，随气体温度的增加，LSGM涂层的平均硬度和弹性模量也随之增加。

为了更好地说明真空冷喷涂LSGM涂层力学性能和电学性能的关系，本书以不同气体温度下沉积的LSGM涂层的电导率参数 σ/σ_{max} 为纵坐标，以力学性能参数 H/H_{max} 为横坐标进行作图，如图5-16所示，电导率的测试温度分别为500℃、600℃和700℃时。其中，硬度 H 和电导率参数 σ 为室温下测量的不同样品的硬度和电导率值，最大硬度 H_{max} 和最大电导率 σ_{max} 为气体预热400℃时获得的硬度值和电导率值。同时，为了与文献中数据进行比较，本研究也将Morales等的研究结果在图中给出。从图5-16中可以看出，三种测试温度下，电导率参数 σ/σ_{max} 和机械性能参数 H/H_{max} 都呈线性关系，表明电导率和力学性能的变化具有一致性。本研究得到的结果与文献中报道的结果相类似，Morales等对具有不同密度和相组成的LSGM烧结块材的电导率参数和硬度参数的相关性进行了研究，结果表明，电导率参数和硬度参数具有线性的相关关系，同时他们指出，LSGM的相结构和组织结构对电学性能和力学性能的影响具有一致性。然而，在本书中，三种LSGM涂层具有相同的相结构(图5-8)，且无杂相存在，涂层的电导率和硬度仍然具有线性相关关系，因此，LSGM涂层的组织结构对涂层电导率和力学性能的影响也具有一致性。由5.6节可知，LSGM涂层的电导率随涂层内部颗粒间结合的增强而增加，表明，LSGM 涂层的力学性能也随涂层内部颗粒间的结合的增强而增加。本书中，随气体温度的增加，沉积得到的涂层的硬度也相应增加，因此，随气体温度的增加，涂层内部颗粒间的结合得到进一步增强。

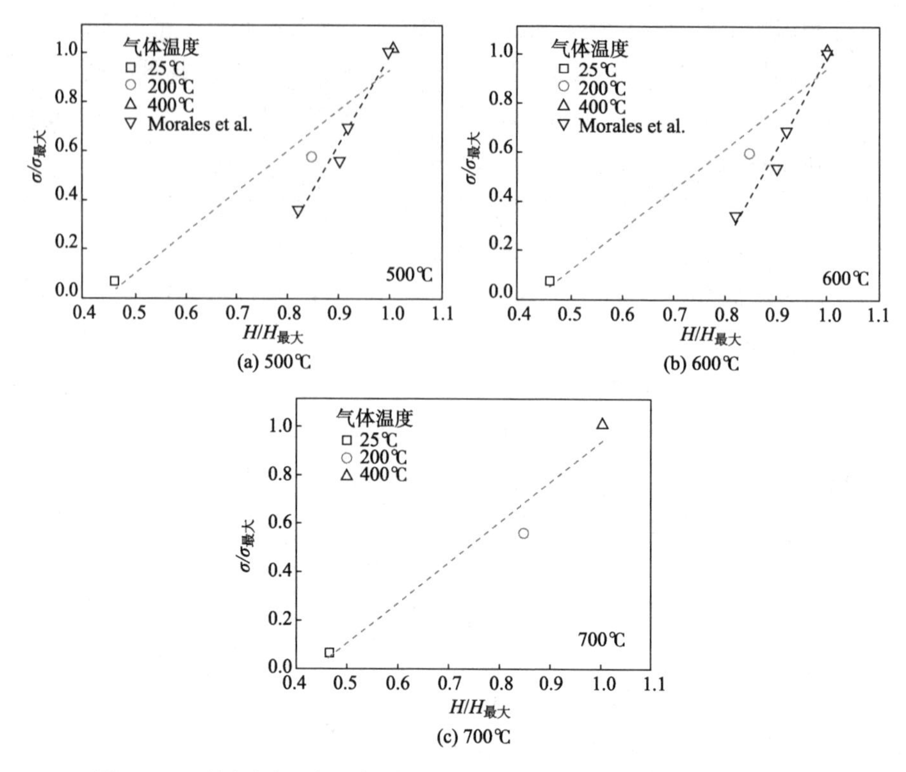

(a) 500℃ (b) 600℃ (c) 700℃

图 5-16　不同测试温度下得到的 LSGM 涂层的电导率和硬度参数的关系

根据本研究得到的电导率参数和硬度参数的线性相关关系，通过在室温测量出真空冷喷涂制备的 LSGM 涂层的硬度，就可以估算特定温度下涂层的电导率值。这样，只需要对涂层进行硬度的测量，就能对其电导率进行评估。同样，由于力学性能也是 SOFC 的服役性能的重要指标，本书中得到的这种相关关系可以有效评估 LSGM 电解质材料的力学性能。可见，对于 LSGM 材料而言，其电学性能与力学性能具有一致性，因此，提高 LSGM 涂层的致密度，减少杂相，可以实现电学性能和力学性能的共同提升。

5.8　气体温度对电池输出性能的影响

根据 LSGM 涂层微观组织结构、离子电导率以及力学性能的结果可知，当在室温下进行涂层沉积时，得到的 LSGM 涂层具有多孔的微观结构和较低的力学性能，因此，分别采用气体预热温度为200℃和400℃下沉积的LSGM涂层来组装电池，进行性能测试，两种气体温度下组装得到的电池分别称为电池A与电池B。两种电池的制备过程如下：首先，在不同的气体预热温度下，LSGM电解质涂层沉积于经过浸渗抛光处理的带有GDC的NiO/YSZ阳极表面上得到半电池；然后采用丝网印刷的方法在LSGM电解质涂层表面制备一层LSCF阴极。

阳极侧半电池的掰断面形貌如图5-17所示。从涂层的低倍断面形貌中可以看出，半电池由NiO/YSZ阳极基体、GDC过渡层以及LSGM涂层三部分组成，并且两种半电池中LSGM与GDC过渡层都表现出良好的结合。以上表明，光滑的GDC表面适合于LSGM颗粒的沉积。对于半电池A，如图5-17(a)和(b)所示，LSGM涂层的厚度约为10μm，从放大图5-17(b)中可以看出，与原始粉末相比，颗粒出现了破碎以及扁平化，该微观组织结构与沉积于Al_2O_3基体上的涂层[图5-11(d)]相似；对于半电池B，如图5-17(c)和(d)所示，LSGM涂层的厚度同样约为10μm，从放大图5-17(d)中可以看出，涂层中颗粒同样出现了破碎以及扁平化，并且难以观察到颗粒之间的界面，说明颗粒的破碎及扁平化程度增加；从涂层断面放大图中可以看出，经过400℃气体预热后得到的涂层的致密度比经过200℃气体预热得到的涂层的致密度增加，且颗粒间的结合也相应得到提高。

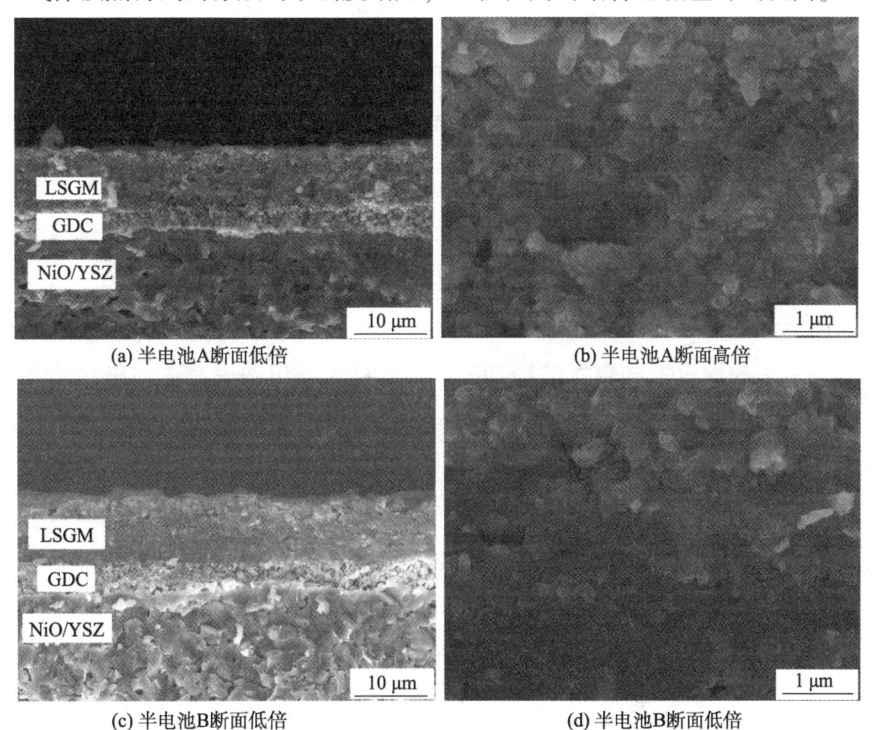

(a) 半电池A断面低倍　(b) 半电池A断面高倍

(c) 半电池B断面低倍　(d) 半电池B断面低倍

图5-17　不同半电池的掰断面形貌

LSCF 阴极层制备完成后，对每个单电池进行电池性能的测试，单电池在不同测试温度下的开路电压如图 5-18 所示。从图中可以看出，单电池 A 和单电池 B 的最大开路电压分别为 0.97V 和 1.0V，均出现在 650℃。并且两种电池的开路电压的变化趋势相同，都是随温度的增加，出现先增加后降低的趋势。由能斯特方程可知，电池的开路电压主要反映的是电解质的气密性，因此，单电池 B 中的电解质的气密性要高于涂层 A 中电解质的气密性。由于电解质涂层的气密性主要是由电解质涂层的微观组织结构决定的，因此，电池 B 中电解质层的致密性要大于电池 A 中电解质涂层的致密性，这与图 5-17 中微观组织结构的结果相一致。

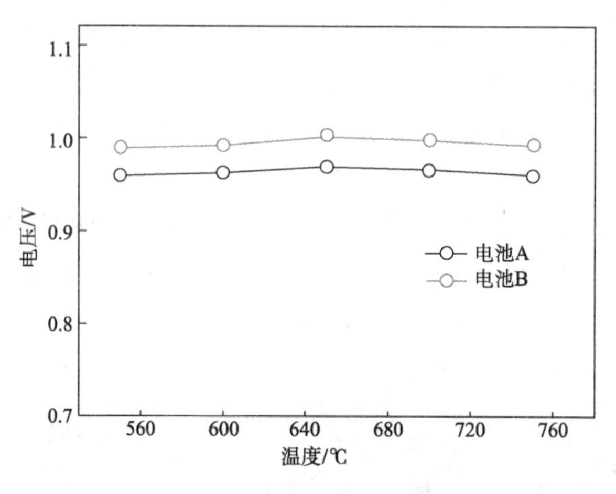

图 5-18　两种电池的开路电压

同时，本研究测试了单电池在不同测试温度下的输出性能，结果如图 5-19 所示。从 *I*–*V* 曲线上可以看出，单电池的输出电压随着电流密度的增加呈线性降低，表明在单电池极化损耗中，欧姆极化占主导地位。为了方便比较，将两种电池在不同测试温度下得到的电池最大输出功率密度值总结于表 5-2 中。可以看出，对每个电池而言，随温度的增加，电池的最大输出功率密度也随之增加。这是因为随测试温度的增加，LSGM 电解质的电导率增加，同时，阴极和阳极的催化活性也相应增加，从而单电池的输出性能得到提高。对于电池 A，当测试温度为 600℃时，单电池的最大输出功率密度为 157mW/cm^2；随温度增加 650℃时，单电池的最大输出功率密度提高到 230mW/cm^2；而当测试温度进一步增加至 700℃和 750℃时，单电池的最大输出功率密度也相应分别提高至 415mW/cm^{2}与 573mW/cm^2。对于电池 B，当测试温度为 600℃时，单电池的最大输出功率密度为 252mW/cm^2；随温度增加 650℃时，单电池的最大输出功率密度提高到 370mW/cm^2，而当测试温度进一步增加至 700℃和 750℃时，单电池的最大输出功率密度也相应分别提高至 636mW/cm^2 与 855mW/cm^2。以上表明，在相同测试温度下，单电池 B 的最大输出功率密度要大于单电池 A 的最大输出功率密度，并且，当温度为 750℃ 时，单电池 B 的最大输出功率密度约为单电池 A 的 1.5 倍。

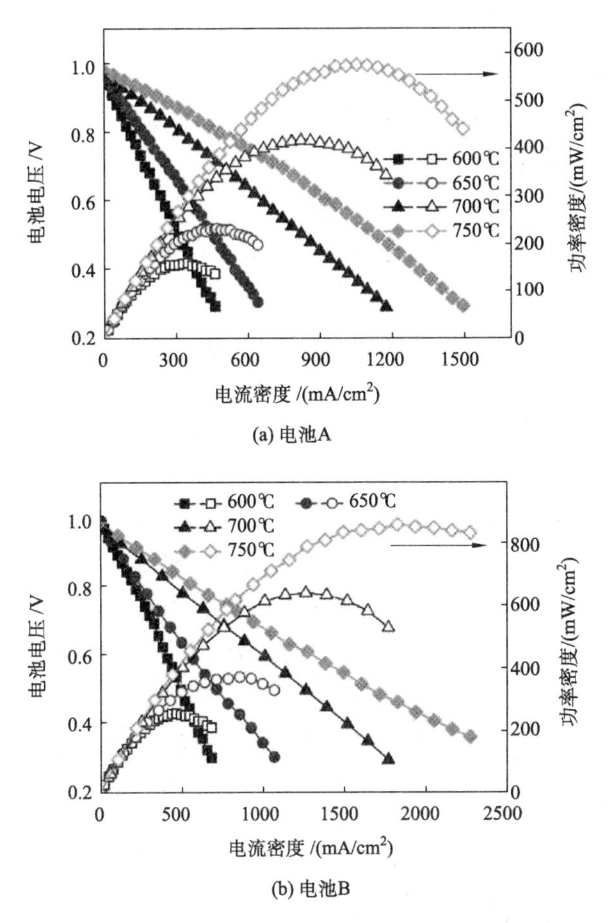

图 5-19　两种类型单电池在不同温度下测得的电池的输出性能

表 5-2　不同测试温度下，电池的最大输出功率密度

工作温度/℃	最大输出功率/(mW/cm^2)	
	电池 A	电池 B
600	157	252
650	230	370
700	415	636
750	573	855

电池 A 较低的输出功率密度主要是有两方面的原因。一方面，两种 VCS LSGM 电解质涂层的离子电导率不同，由 5-13 可知，气体温度为 200℃时得到的真空冷喷涂 LSGM 涂层的离子电导率低于气体温度为 400℃时得到的涂层的离子电导率，从而电池 A 中电解质的欧姆阻抗要高于电池 B 中电解质的欧姆阻抗，导致电池 A 输出功率密度低于电池 B。另一方面，由于气体预热温度为 400℃时得到的 LSGM 涂层的晶粒尺寸小于气体预热温度为 200℃时得到的涂层的晶粒尺寸，从而电池 B 中电解质的小晶粒能够有效地增加电解质与阴极三相界面的数量，使得电池 B 的输出功率密度得到提高。

表 5-4 总结了采用喷涂方法在 Ni 基阳极基体上制备的 LSGM 电池的输出性能。大气等离子喷涂(APS)技术是一种低成本、高效率的制备 SOFC 各个部件的技术。从表 5-3 中可以看出，电池的输出功率密度与电解质的厚度相关。采用大气等离子喷涂方法制备的 LSGM 电解质层要保持良好的气密性，其厚度一般高于 50μm，因此，其电池输出性能难以进一步提高。而基于真空冷喷涂的方法可以得到厚度 10μm 左右的电解质涂层，可以有效降低电池的欧姆内阻。韩国科学研究院的 Choi 等采用真空冷喷涂的方法制备了厚度约为 12μm 的 LSGM 电解质涂层，组装电池后，得到了良好的性能输出，在 750℃时，电池输出功率密度为 1.18W/cm^2；后来，其又报道了真空冷喷涂制备的厚度约为 10μm 的 LSGM 电解质涂层，组装电池后，在 750℃时，电池输出功率密度为 0.79W/cm^2。产生这种差异的原因可归结为两个方面：一方面，两种电池的开路电压不同，拥有 12μm 厚 LSGM 电解质层的电池的开路电压为 1.10V，相比之下，拥有 10μm 厚 LSGM 电解质层的电池的开路电压为 1.02V，低的开路电压导致了输出性能的差异；另一方面，后一个电池在阳极基体上增加了厚度为 1μm 的 GDC 阻挡层，阻挡层的增加也会提高整个电池的内阻，但是增加阻挡层对提高电池的长期稳定性具有重要意义。本书采用真空冷喷涂的方法得到了厚度约为 10μm 的 LSGM 涂层，由于也采用了 GDC 作为阻挡层，因此，单电池 B 在 750℃时，获得了 0.855W/cm^{2}的电池输出。本书采用气体预热 400℃制备的 LSGM 电解质层组装得到的电池的输出性能良好，可以应用于 IT-SOFC。

表 5-3　采用喷涂法在 Ni 基阳极基体上制备的 LSGM 电解质组装电池后的输出性能

电池来源	LSGM 厚度/μm	制备方法	阳极	阴极	温度/℃	功率密度/(W/cm^2)
本书	~10	VCS	NiO/YSZ-GDC	LSCF	750	0.855
Choi et al.	~12	ADM	NiO/GDC	LSCF	750	1.18
Choi et al.	~10	ADM	NiO/GDC	LSCF	750	0.79

续表

电池来源	LSGM 厚度/μm	制备方法	阳极	阴极	温度/℃	功率密度/(W/cm^2)
Wang et al.	~5	VCS+co-sintering	NiO/YSZ-GDC	LSCF	750	0.592
Zhang et al.	50~55	APS	NiO/YSZ-GDC	LSCF	750	0.502
Hwang et al.	~50	APS	NiO/LDC-LDC	SDC-SSC	750	0.716
Hwang et al.	50~60	APS	NiO/YSZ	LSCF	750	0.275
Lo et al.	~60	APS	NiO/YSZ	LSCo	750	0.25

5.9 主要参考文献

[1] Akedo J. Room temperature impact consolidation(RTIC) of fine ceramic powder by aerosol deposition method and applications to microdevices[J]. J Therm Spray Technol, 2008, 17(2): 181-198.

[2] Chun DM, Ahn SH. Deposition mechanism of dry sprayed ceramic particles at room temperature using a nano-particle deposition system[J]. Acta Mater, 2011, 59(7): 2693-2703.

[3] 马凯. 气体预热温度对真空冷喷涂制备 LSGM 电解质涂层组织结构的影响研究[D], 西安: 西安交通大学, 2016.

[4] Ju YW, Hyodo J, Inoishi A, et al. A dense La(Sr)Fe(Mn)$O_{3-\delta}$ nano-film anode for intermediate-temperature solid oxide fuel cells[J]. J Mater Chem A, 2015, 3(7): 3586-3593.

[5] Oliver WC, Pharr GM. Measurement of hardness and elastic modulus by instrumented indentation: Advances in understanding and refinements to methodology[J]. J Mater Res, 2004, 19(1): 3-20.

[6] Chun DM, Ahn SH. Deposition mechanism of dry sprayed ceramic particles at room temperature using a nano-particle deposition system[J]. Acta Mater, 2011, 59(7): 2693-2703.

[7] Zhang SL, Liu T, Li CJ, et al. Atmospheric plasma-sprayed $La_{0.8}Sr_{0.2}Ga_{0.8}Mg_{0.2}O_3$ electrolyte membranes for intermediate-temperature solid oxide fuel cells[J]. J Mater Chem A, 2015, 3(14): 7535-7553.

[8] Wang LS, Li CX, Ma K, et al. LSGM electrolytes prepared by vacuum cold spray under heated gas for improved performance of SOFCs[J], Ceramics International, 2018, 44(12): 13773-13781.

[9] Morales M, Roa JJ, Perez-Falcon JM, et al. Correlation between electrical and mechanical properties in La1-xSrxGa1-yMgy$O_{3-\delta}$ ceramics used as electrolytes for solid oxide fuel cells[J]. J Power Sources, 2014, 246: 918-925.

[10] Perez-Coll D, Sanchez-Lopez E, Mather GC. Influence of porosity on the bulk and grain-boundary electrical properties of Gd-doped ceria[J]. Solid State Ion, 2010, 181(21-22): 1033-1042.

[11] Li CJ, Ohmori A. Relationships between the microstructure and properties of ther-

mally sprayed deposits[J]. J Therm Spray Technol, 2002, 11(3): 365-374.
[12] Wang LS, Zhou HF, Zhang KJ, et al. Effect of the powder particle structure and substrate hardness during vacuum cold spraying of Al_2O_3[J]. Ceram Int, 2017, 43(5): 4390-4398.
[13] Pathak S, Steinmetz D, Kuebler J, et al. Mechanical behavior of $La_{0.8}Sr_{0.2}Ga_{0.8}Mg_{0.2}O_3$ perovskites[J]. Ceram Int, 2009, 35(3): 1235-1241.
[14] Baskaran S, Lewinsohn CA, Chou YS, et al. Mechanical properties of alkaline earth-doped lanthanum gallate[J]. J Mater Sci, 1999, 34(16): 3913-3922.
[15] Pharr GM, Oliver WC, Brotzen FR. On the Generality of the relationship among contact stiffness, contact area, and elastic-modulus during indentation[J]. J Mater Res, 1992, 7(3): 613-617.
[16] Choi JJ, Cho KS, Choi JH, et al. Electrochemical effects of cobalt doping on (La, Sr)(Ga, Mg)$O_{3-\delta}$ electrolyte prepared by aerosol deposition[J]. Int J Hydrogen Energy, 2012, 37(8): 6830-6835.
[17] Choi JJ, Choi JH, Ryu J, et al. Low temperature preparation and characterization of (La, Sr)(Ga, Mg)$O_{3-\delta}$ electrolyte-based solid oxide fuel cells on Ni-support by aerosol deposition[J]. Thin Solid Films, 2013, 546: 418-422.
[18] Wang LS, Li CX, Li GR, et al. Enhanced sintering behavior of LSGM electrolyte and its performance for solid oxide fuel cells deposited by vacuum cold spray[J]. J Eur Ceram Soc, 2017, 37(15): 4751-4761.
[19] Hwang CS, Tsai CH, Chang CL, et al. Plasma sprayed metal-supported solid oxide fuel cell and stack with nanostructured anodes and diffusion barrier layer [J]. Thin Solid Films, 2014, 570: 183-188.
[20] Lo CH, Tsai CH, Hwang C. Plasma-sprayed YSZ/Ni-LSGM-LSCo intermediate-temperature solid oxide fuel cells[J]. Int J Appl Ceram Tec, 2009, 6 (4): 513-524.

6

基于成分控制的LDC阻挡层等离子喷涂制备工艺调控

在工作过程中长时间暴露在高温环境下的SOFC的高温稳定性非常重要。对于LSGM基SOFC而言，其在制备或运行过程中，极易与Ni基阳极发生反应，而在界面生成高电阻的第二相，使得电池内阻升高，电池性能急剧下降。为了增加电池的运行稳定性，除了电池主要的阴阳极层以及电解质层外，常常在阳极与电解质之间增加一层阻挡层来避免电池制备或是运行过程中界面反应的发生。LSGM与Ni基阳极的反应主要是由于两层中存在La的浓度梯度，而使得LSGM中的La向阳极发生扩散，从而在界面生成高电阻的第二相。

而LDC材料是一种有效的阻挡层材料，并且当LDC中La的摩尔分数为40%时，这种成分的LDC作为阻挡层能有效避免La的扩散，从而避免界面反应的发生。然而，LDC难以烧结致密，影响其本身电导率，而低成本的APS可以实现SOFC各个部件的高效率制备。但是由于La_2O_3和CeO_2饱和蒸汽压的不同，在等离子喷涂过程中存在元素的优先蒸发现象，导致涂层成分偏离原始粉末成分。基于此，本章就等离子喷涂LDC选择性蒸发的机制以及控制因素进行揭示，从而对涂层成分进行调控，为稳定的LSGM电解质SOFC结构设计提供参考依据。

6.1 喷涂材料与工艺

6.1.1 喷涂材料和基体的选择

由于在等离子喷涂过程中，粉末在高温等离子焰流中要经历熔化的过程，因此，粉末本身的状态(颗粒间的连接、致密度等)对传热起到一定的作用。为了研究粉末本身状态对元素蒸发的影响，试验采用两种不同类型的粉末，一种是商用球形LDC粉末，粉末中Ce/La(原子比)为1.5，粒度分布为10~44μm，平均粒径为31μm，该粉末是由微米和亚微米尺度的颗粒经过团聚造粒得到的；另一种粉末是该粉末经过1550℃高温热处理10h后得到的，两种粉末低倍和高倍形貌如图6-1所示。从图中可以看出团聚后的粉末呈球形多孔结构，是由亚微米和纳米颗粒相互连接而形成；经过烧结后，粉末仍然呈现球形形貌，而粉末表面晶粒的连接性增加，粉末本身致密性也增加，从粉末的断面可以看出，粉末颗粒中只存在少量的封闭孔隙，从高倍图中可以看出，经过烧结后，原始亚微米和纳米颗粒发生生长，长大为微米量级。前一种粉末称为团聚粉末，后一种粉末称为团聚烧结粉末。两种粉末的抛光断面形貌如图6-2所示。粉末的抛光断面与粉末的微观组织结构形貌一致。团聚态粉末是内部由微纳米颗粒组成的多孔结构；而团聚烧结态粉末内部呈现致密结构，有少量烧结大孔隙存在。

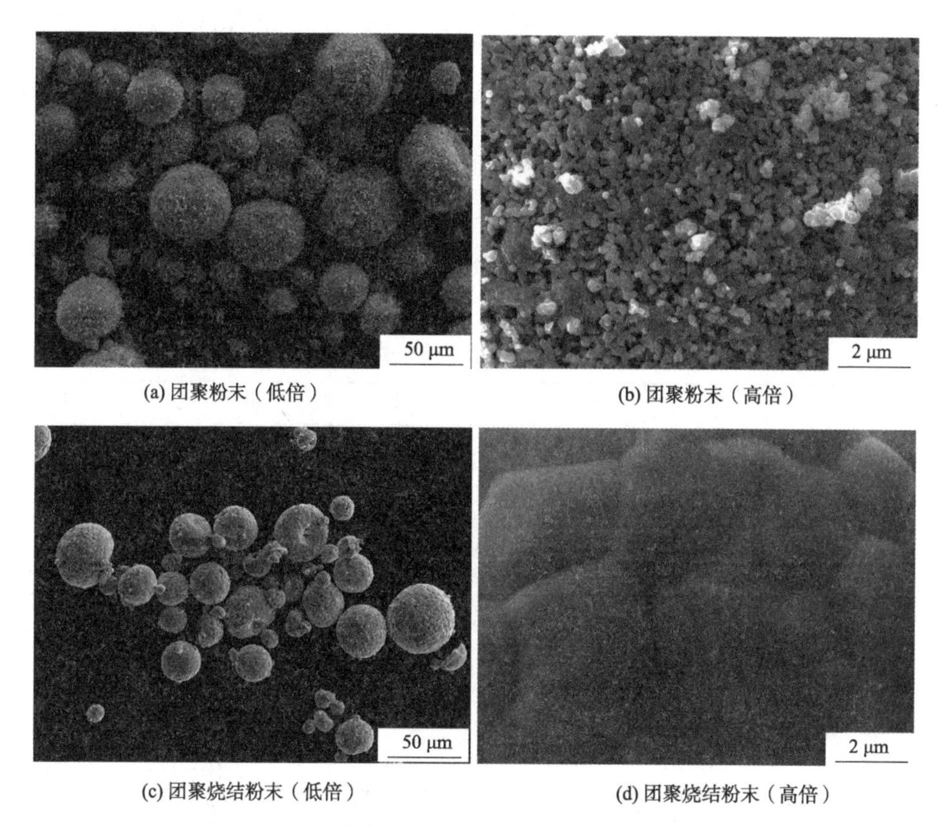

(a) 团聚粉末（低倍）　(b) 团聚粉末（高倍）

(c) 团聚烧结粉末（低倍）　(d) 团聚烧结粉末（高倍）

图 6-1　团聚 LDC 粉末以及团聚烧结 LDC 粉末形貌图

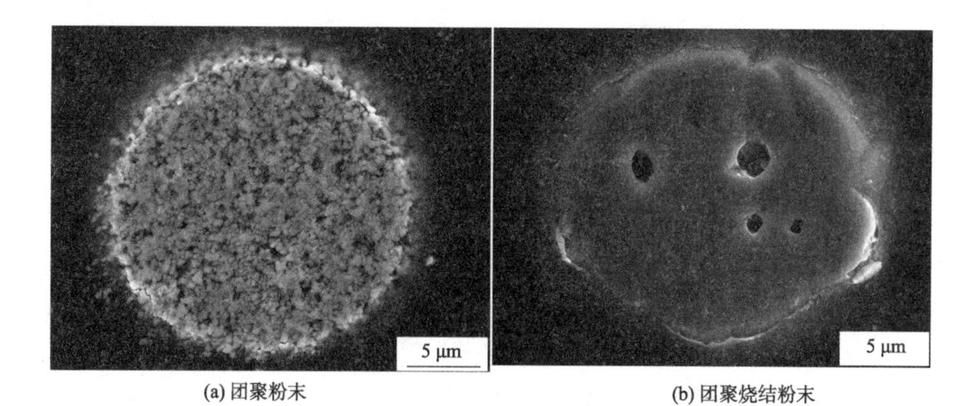

(a) 团聚粉末　(b) 团聚烧结粉末

图 6-2　两种类型 LDC 粉末的断面形貌

为了得到颗粒尺寸对蒸发行为的影响，对粉末进行一定的筛分处理，采用500 目的筛网对两种粉末进行筛分，分别得到>30μm 与<30μm 的两种尺度的粉末，加上两种原始粉末，共 6 种粉末。为了方便记录，将 6 种粉末进行命名，命

名规则见表 6-1。为了确保粉末粒度的准确性，采用激光粒度仪对 6 种不同粉末的粒度进行表征，如图 6-3 所示。从图中可以看出，团聚态的三种粉末：粉末 A、粉末 B 和粉末 C 的粒径分布分别为：8～28μm、10～44μm、31～44μm；团聚烧结态的三种粉末：粉末 SA、粉末 SB 和粉末 SC 的粒径分布分别为：7～30μm、8～43μm；32～45μm。可见，各筛分粉末的粒度分布都满足要求，另外，团聚粉末的平均粒度为 31μm，而团聚烧结粉末的平均粒径为 30μm，因此，经过烧结后，粉末的平均粒径稍有降低。

表 6-1　六种不同尺寸粉末的命名规则

粉末尺寸	粉末	
	团聚粉末	团聚烧结粉末
初始粉末尺寸	A	SA
<30μm	B	SB
>30μm	C	SC

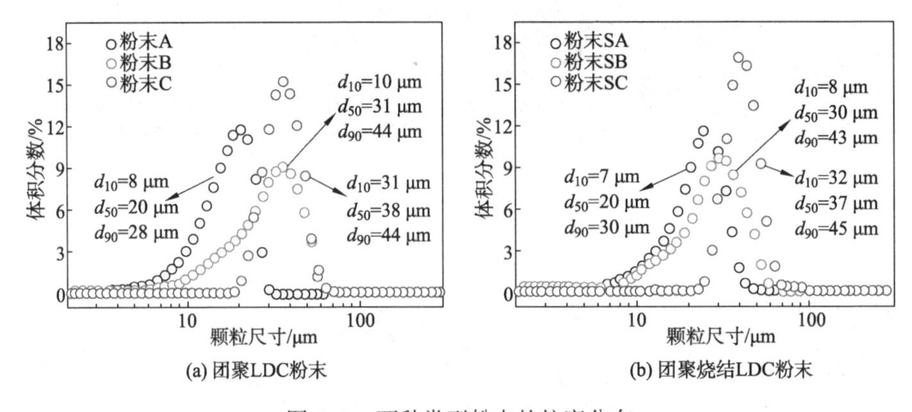

(a) 团聚LDC粉末　　(b) 团聚烧结LDC粉末

图 6-3　两种类型粉末的粒度分布

采用 EDS 分别对团聚态与团聚烧结态粉末的成分进行表征，即 Ce/La 的摩尔比。在两种粉末中选取不同尺寸的粉末颗粒，分别对不同尺寸的颗粒进行能谱分析，每种尺寸的颗粒均选择 30 个，以便于减小误差，结果如图 6-4 所示。从图中可以看出，对于两种粉末，Ce/La 的摩尔比相差不大，烧结后的粉末中 Ce/La 的值有所降低，主要是由于粉末在长时间高温烧结过程中 Ce 元素也发生了部分选择性蒸发。团聚粉末中 Ce/La 约为 1.507，而团聚烧结粉末中 Ce/La 约为 1.442，经过烧结后，Ce/La 大约降低了 4.31%。另外，从图中可以看出，两种粉末的成分都不随粉末尺寸而发生变化，说明对于两种粉末而言，不同尺寸的粉末颗粒是均匀的。

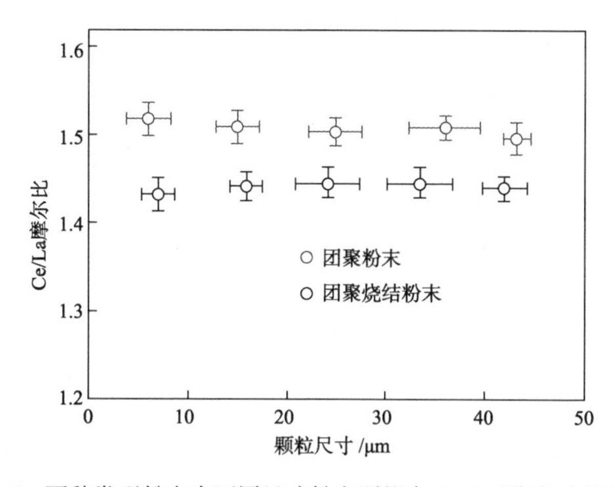

图 6-4　两种类型粉末中不同尺寸粉末颗粒中 Ce/La(摩尔比例)的值

6.1.2　LDC 单层粒子和涂层的制备与表征

采用商用的高能离子喷涂系统(GP-80，80kW 级，中国，九江)进行单个 LDC 粒子的制备，送粉方式采用内送粉。为了表征等离子喷涂过程中 LDC 粉末颗粒尺寸对成分的影响，采用抛光的不锈钢基体对飞行过程中的单个 LDC 熔融粒子进行收集。喷涂粉末采用团聚态粉末 B 与团聚烧结态粉末 SB，基体直径为 25mm，厚度为 3mm。为了能在基体上获得分散均匀的单层扁平粒子，在距离基体表面 5mm 处，增加一个多孔挡板，挡板上开有多个孔洞，孔距为 3mm，孔径为 1mm。对圆盘状且飞溅较少的扁平粒子进行直径和成分的测量可以减小误差，具体获取方法为：在喷涂过程中首先将基体进行预热，预热的方式为采用火焰枪从基体背面进行加热，采用红外测温仪进行基体表面温度的测量，当基体表面达到 300℃时，采用喷枪快速扫过基体一遍的方式沉积单个粒子，喷枪移动速度为 1200mm/s。获取单个粒子所用的加热装置如图 6-5 所示。同时，为了得到喷涂距离对扁平粒子成分的影响，在扁平粒子制备过程中喷涂距离从 20mm 变化到 100mm，距离间隔为 20mm。喷涂过程中，喷涂功率采用 36kW，Ar 作为等离子体发生气体，H_2作为辅助气体，N_2作为送粉气体。具体的喷涂参数见表 6-2。

采用 6.1.1 节筛分得到的六种不同类型的 LDC 粉末进行涂层的制备，涂层制备选用的喷涂距离为 80mm，喷枪移动速度为 400mm/s，基体不预热，其余喷涂参数与扁平粒子喷涂参数相同。沉积得到的涂层厚度~200μm，然后采用砂纸将不锈钢基体去除，将涂层进行清洗后干燥。最终得到的涂层将用于结构表征和成分分析。

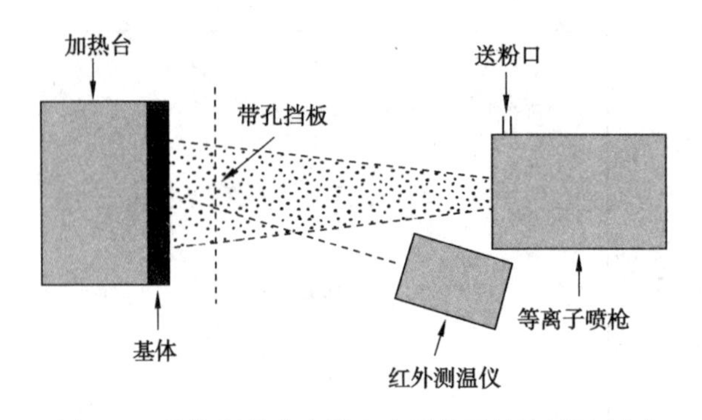

图 6-5　基体预热获取单个扁平粒子的装置示意图

表 6-2　等离子喷涂 LDC 扁平粒子喷涂参数

参　数	数　值
电弧电流/A	720
电弧电压/V	50
喷涂距离/mm	20~100
等离子主气流量(Ar)/(L/min)	60
辅助气体流量(H_2)/(L/min)	6
送粉气体流量(N_2)/(L/min)	6
喷枪移动速度/(mm/s)	1200

采用 SEM 对获得的扁平粒子的形貌进行表征，采用 EDS 对扁平粒子的成分进行统计，具有相当尺寸的扁平粒子每种至少选择 30 个进行成分的统计以减小误差。每个扁平粒子的直径和体积采用 3D 激光显微镜(KEYENCE VK-9710)进行测量。假设熔滴和粉末均为规则的球形颗粒，根据单个粒子的体积 V，可以得到熔滴的直径 d，如式 6-1 所示。

$$d=\sqrt[3]{\frac{6V}{\pi}} \tag{6-1}$$

式中　V——单个粒子的体积；

　　　d——熔滴直径。

6.1.3　等离子喷涂 LDC 飞行粒子速度与温度的测量

采用加拿大 Tecnar 公司研制的 DPV-2000 系统对喷涂过程中飞行粒子的速度和温度进行测量，分别对团聚粉末 B 和团聚烧结粉末 SB 进行测量。如图 6-6 所示，该系统主要由控制系统和扫描系统两部分组成，两部分由光学传感器进行连接。该系统基于激光多普勒效应开发的，当一个粒子通过光罩上两个狭缝时，会产生一个双峰信号，测试过程中，信号由光学传感器传递到控制器中的显示屏上。粒子速度是通过测量粒子通过光罩上两个狭缝图像之间的距离除以颗粒信号两个波峰之间的飞行时间获得的，由电脑通过波形分析估算出来。一般情况下，飞行粒子速度的测量范围为 5~1200m/s，测量误差≤5%。粒子温度测量是基于双波长测温理论，假设加热颗粒是灰体发射器且对于一个给定的喷涂条件发射率对于所有颗粒是恒定的，温度则与两个信号检测比率成正比。一般在进行温度测量前要进行校准以保证测量的精确度。

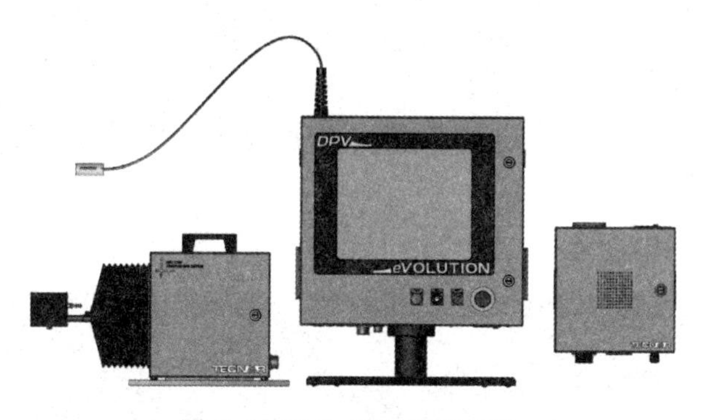

图 6-6　DPV-2000 测试系统

6.2　等离子喷涂 LDC 单个粒子的沉积特性

6.2.1　等离子喷涂 LDC 单层粒子形貌

图 6-7 所示为当喷涂距离为 80mm 时，采用团聚粉末与团聚烧结粉末在抛光不锈钢基体上得到的单个粒子的低倍形貌图，由于采用了基体预热，大部分单个粒子呈规则的近圆盘形，且两种粉末沉积得到的单个粒子的形貌几乎没有差别。研究结果表明，在等离子喷涂陶瓷材料过程中，由于低温基体表面吸附的有机物或是水分在高温粒子撞击基体时的热作用下急速分解或是蒸发容易导致喷涂到基体上的单个粒子发生飞溅。当把基体加热到一定温度时，基体表面的有机物或是水分在扁平粒子沉积前得到完全分解或是蒸发，从而熔滴在扁平化过程中不会受到这些物质分解或是蒸发的作用，而得到近似圆盘状的单个粒子。

图 6-8 和图 6-9 分别为随机选取的采用团聚粉末与团聚烧结粉末收集的不同尺寸的单个粒子高倍形貌图。从图 6-8 中可以看出，两种扁平粒子的尺寸分别为~25μm 和~85μm，从图 6-9 中可以看出，两种单个粒子的尺寸分别为~23μm 和~90μm。单个粒子表面均出现了纵向裂纹，裂纹的产生是由于熔融粒子在沉积

过程中快速在基体上冷却凝固而形成的。两种类型粉末沉积所得的单个粒子熔化状态良好，形貌特征差别不大。

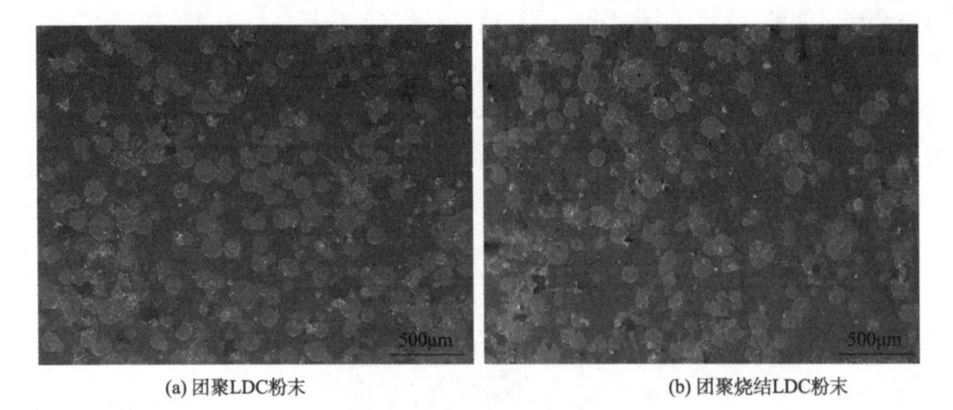

(a) 团聚LDC粉末　　(b) 团聚烧结LDC粉末

图 6-7　不同粉末沉积得到的单个粒子低倍图

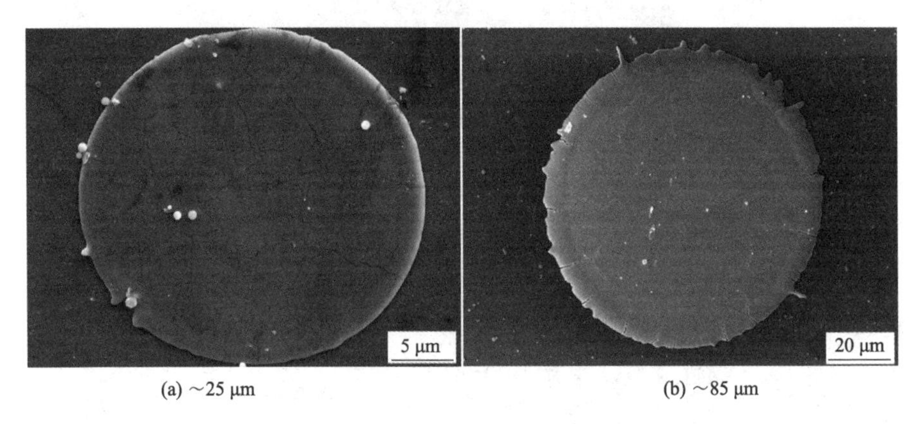

(a) ~25 μm　　(b) ~85 μm

图 6-8　团聚 LDC 粉末(粉末 B)等离子喷涂沉积得到的典型单个粒子的形貌

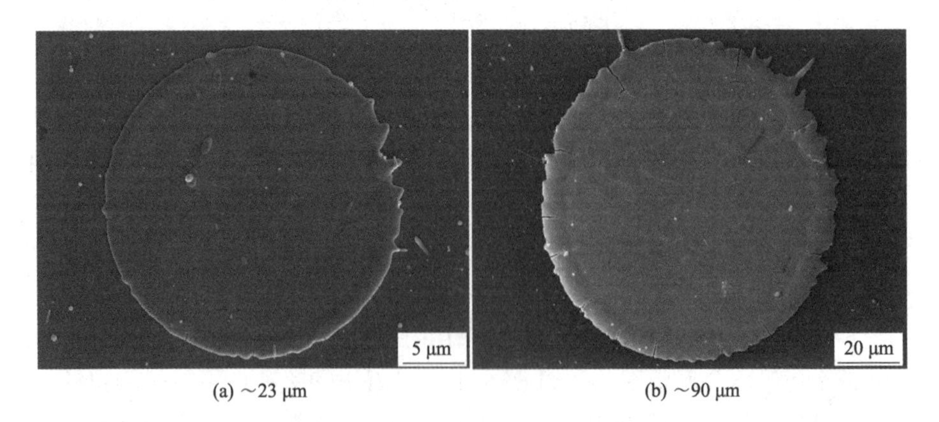

(a) ~23 μm　　(b) ~90 μm

图 6-9　团聚烧结 LDC 粉末(粉末 SB)等离子喷涂沉积得到的典型扁平粒子的形貌

图 6-10 为两种粉末沉积所得的单个粒子的三维激光形貌图，从图中可以看出，虽然单个粒子的边缘处较厚，中间较薄，但是整体来看，整个粒子呈现近圆柱形。由于不锈钢基体经过了抛光处理，从而认为基体表面是完全平整的，利用三维激光显微镜可以得到整个粒子的体积，同时可以测得其直径，根据式(6-1)可以得到熔融的直径，从而可以得到单个粒子对应的熔融的直径，忽略粒子熔融过程中密度的变化，则熔滴的直径即为原始粉末的直径。

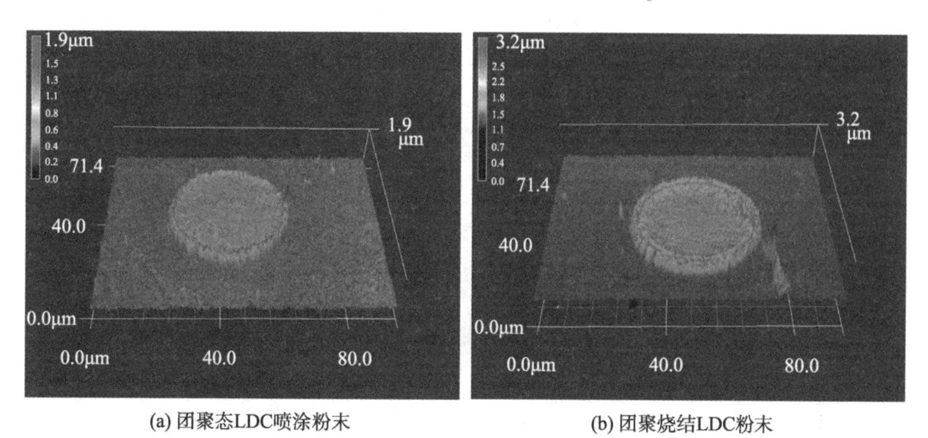

(a) 团聚态LDC喷涂粉末　　(b) 团聚烧结LDC粉末

图 6-10　不同类型 LDC 喷涂粉末等离子喷涂沉积得到的单个粒子的三维形貌图

6.2.2　等离子喷涂 LDC 在不同颗粒尺寸下的温度和速度

由于喷嘴出口处等离子射流温度较高，当采用 DPV-2000 对粒子的温度和速度进行测量时，只能将喷涂距离设定为 40mm 以上。图 6-11 和图 6-12 所示分别为当喷涂距离大于 40mm 时，团聚 LDC 粉末和团聚烧结 LDC 粉末在等离子射流中表面温度和飞行速度随喷涂距离和粒子直径的变化规律。对于两种类型粉末而言，粒子表面温度和速度都随喷涂距离和粒子直径的增加而降低，但是值得注意的是，相比粒子温度的变化，粒子速度均分布在 270~340m/s，变化不大。然而，两种粉末中粒子表面温度具有一定的差异。经过烧结后的 LDC 粉末粒子表面温度[图 6-11(b)]要大于未经烧结的 LDC 粉末粒子表面温度[图 6-11(a)]，且粒径越小，两种粉末粒子之间的温度差别相对越大。比如，对于粒径 5μm 左右的 LDC 颗粒，在喷涂距离为 100mm 时，未经烧结的粒子平均表面温度比烧结后的 LDC 粒子的平均表面温度高出接近 80℃。对于团聚粉末而言，内部含有大量的孔隙，如图 6-1(a)与图 6-1(b)所示，导致其密度低而孔隙率高；经过烧结后，颗粒内部晶粒发生生长，如图 6-1(c)与图 6-1(d)所示，且粉末内部仅有少量的封闭孔隙存在，粉末呈现出较为致密的结构。两种粉末温度的不同可能是由于两种类型粉末颗粒内部不同的结构而导致的，表明不同的粉末结构使得粉末在等离子射流中的加热行为不同，烧结粉末由于本身结构致密，传热相对较快，从而粒子温度比团聚粉末稍高。颗粒粒径越小，比表面积越大，在等离子射流中的加热效果越好，从而喷涂颗粒尺寸越小，两种粉末之间的温差越大。

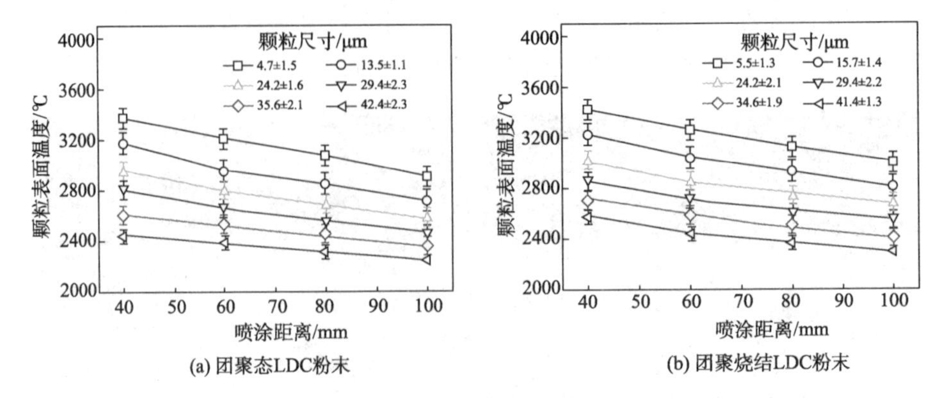

图 6-11　两种类型 LDC 粉末在等离子射流中颗粒表面温度随喷涂距离的变化

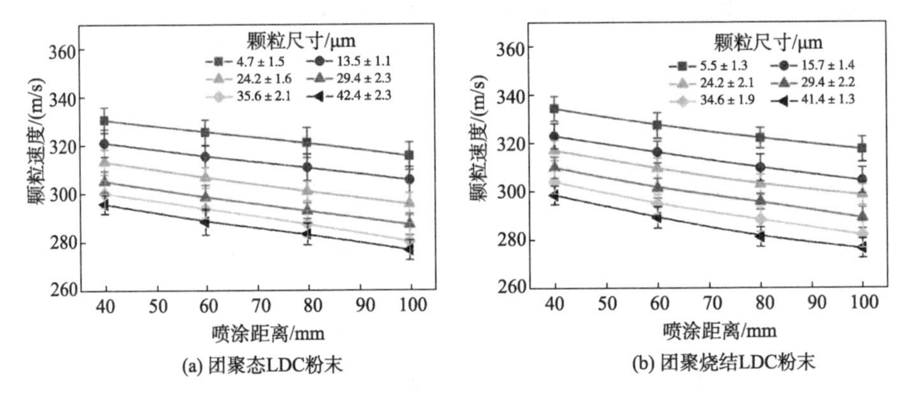

图 6-12　两种类型 LDC 粉末在等离子射流中颗粒飞行速度随喷涂距离的变化

6.2.3　等离子喷涂 LDC 扁平粒子尺寸对其成分的影响

由于 CeO_2 的饱和蒸气压远高于 La_2O_3 的饱和蒸气压，在等离子喷涂过程中，相比于 Ce 元素而言，La 的蒸发损失量可以忽略不计，因此，本章采用 La 作为参照元素，对 LDC 单个粒子中 Ce 与 La 的摩尔比例进行统计，统计结果用来表征单个粒子成分以及 Ce 的选择性蒸发现象。研究结果表明，熔滴在撞击基体后是从中部逐渐向边缘铺展，最终单个粒子中部分液相在边缘堆积并冷却凝固。首先，为了表征单个粒子内部成分的均匀性，对两种类型粉末沉积得到的单个粒子沿径向进行线扫描来对粒子内部成分的均匀性进行表征。图 6-13 所示为在抛光基体上随机选取的两个大小相当的 LDC 单个粒子的形貌以及径向线扫描结果。图 6-13(a)是团聚 LDC 粉末沉积得到的粒径约为 70μm 扁平粒子形貌，图 6-13(c)是沿单个粒子径向 *ab* 线扫描结果，从线扫描图中可以看出，Ce 和 La 元素的强度相当，因此其成分在整个单个粒子中是均匀分布的。同样，团聚烧结 LDC 粉末沉积得到的单个粒子及其径向线扫描结果，如图 6-13(b)和(d)所示。在扁平粒子内部，Ce 和 La 元素的强度仍然相当，表明粒子内部成分也是均匀分布的。因此，对于两种类型粉末而言，其沉积得到的单个粒子内部 Ce 与 La 的分布以及两者的比例都是均匀的。

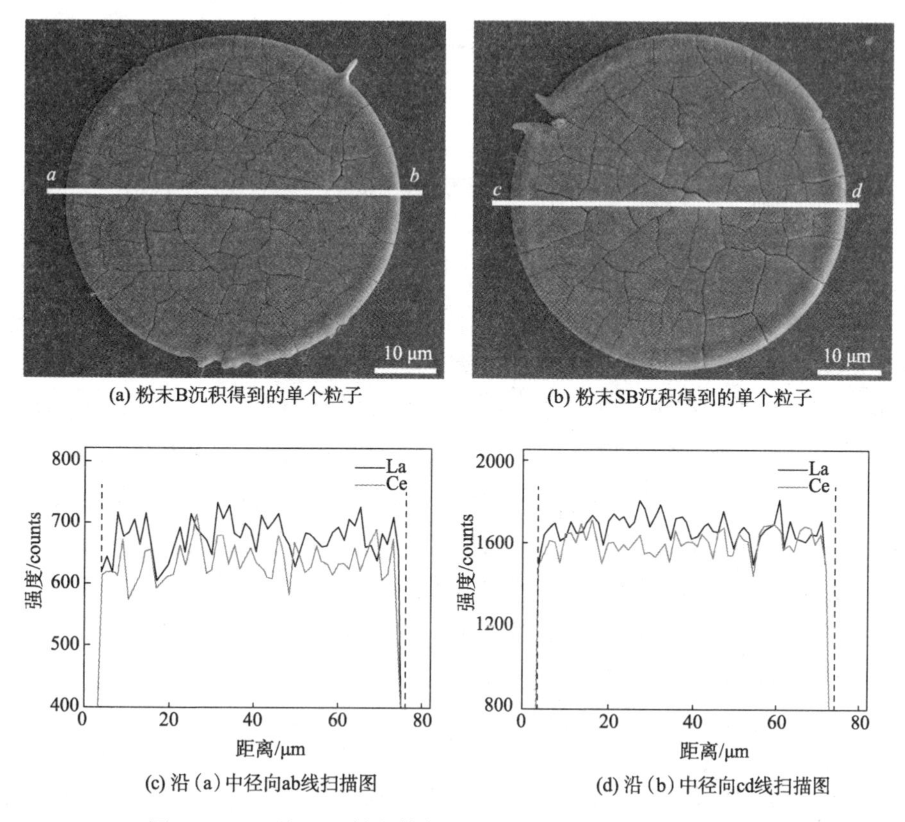

(a) 粉末B沉积得到的单个粒子　(b) 粉末SB沉积得到的单个粒子

(c) 沿(a)中径向ab线扫描图　(d) 沿(b)中径向cd线扫描图

图 6-13　两种 LDC 粉末等离子喷涂沉积得到的单个粒子形貌及其沿直径方向线扫描图

对整个单个粒子进行面扫描能谱分析，得到 La 和 Ce 元素的含量，通过计算 Ce/La 得到单个粒子的成分，分析方法如图 6-14 所示。采用这种方法分别将两种类型的粉末(B 和 SB 粉末)在不同喷涂距离下得到的不同直径大小的单个粒子的 Ce/La 的值进行测量计算，为减小误差，每种直径接近的粒子至少统计 30 个，求其平均值，最终得到单个粒子尺寸对成分(Ce/La)的影响规律。

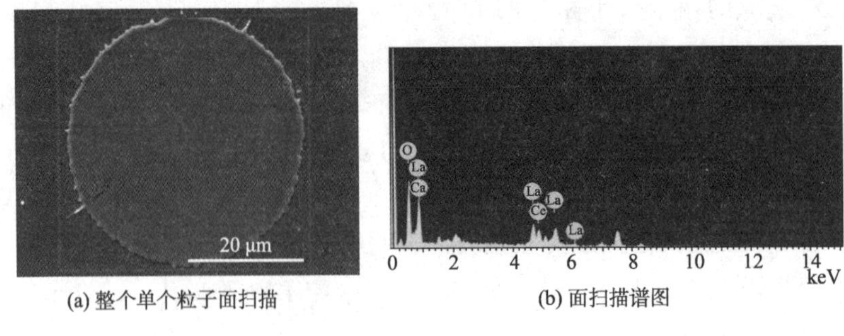

(a) 整个单个粒子面扫描　　(b) 面扫描谱图

图 6-14　单个粒子面扫描成分分析方法

图 6-15 为两种类型粉末在不同喷涂距离下沉积得到的单个粒子的 Ce/La 随喷涂距离的变化，其中，图 6-15(a)采用的是团聚粉末，图 6-15(b)采用的是团聚烧结粉末。从图 6-15(a)中可以看出，对于团聚粉末，喷涂距离从 20mm 变化到 100mm，当扁平粒子直径从 5μm 增加到 180μm 时，扁平粒子中 Ce/La 的值从 0.7 增加到 1.5。以上表明，随扁平粒子直径的增加，Ce/La 的值也随之增加。对于直径大于 150μm 的扁平粒子而言，Ce/La 的值约为 1.5，且不随扁平粒子尺寸和喷涂距离的变化而发生变化。而当扁平粒子的直径小于 150μm 时，对于尺寸相当的扁平粒子，其 Ce/La 的值随喷涂距离的增加而降低，比如，当喷涂距离为 20mm 时，扁平粒子中 Ce/La 的值要大于其他喷涂距离下得到的值。从图 6-15(b)可以看出，对于团聚烧结粉末，Ce/La 的值也受扁平粒子直径和喷涂距离的影响，并且这种影响与团聚粉末相似。不同的是，当扁平粒子的直径大于 120μm 时，Ce/La 的值达到最大值 1.27，且不随扁平粒子的尺寸发生变化。但是，Ce/La 的最大值相比于原始团聚烧结粉末中 Ce/La 的最大值降低了约 11.9%。且当扁平粒子直径降低到 5μm 时，在喷涂距离 20mm 处，Ce/La 值降低

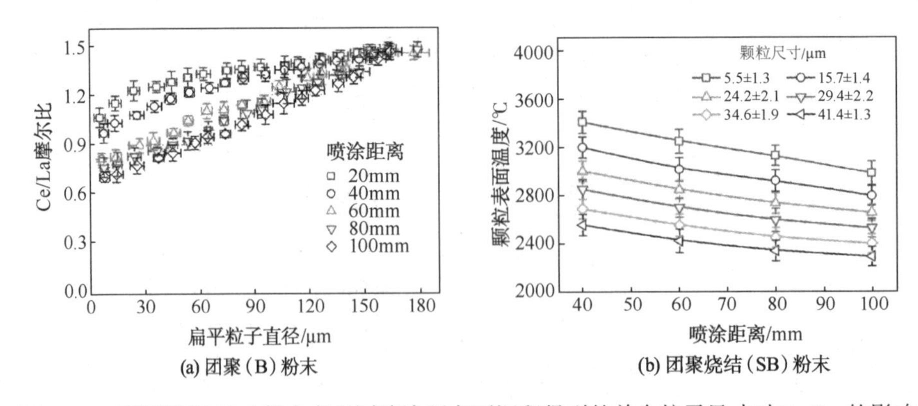

(a) 团聚（B）粉末　　(b) 团聚烧结（SB）粉末

图 6-15　不同类型 LDC 粉末在不同喷涂距离下沉积得到的单个粒子尺寸对 Ce/La 的影响

到0.48，小于团聚粉末中最小Ce/La的值(0.68)。因此，相比于团聚粉末而言，团聚烧结粉末中Ce/La的值要低，表明喷涂LDC粉末经过烧结后，扁平粒子中Ce的蒸发损失量增加。

为了进一步得到Ce的蒸发量与原始粉末尺寸的关系，对等离子喷涂过程中Ce的蒸发行为进行探究，将Ce的损失量定义为相比喷涂粉末，单个粒子中Ce/La值的降低量。根据式(6-1)将扁平粒子尺寸换算成与之相对应的原始粉末颗粒的直径后，建立原始颗粒尺寸与Ce蒸发量的关系。图6-16为不同直径的喷涂粉末在不同喷涂距离下Ce的蒸发损失量，同样包含两种类型的粉末：团聚粉末和团聚烧结粉末。可以看出，粉末颗粒尺寸和粉末结构同时影响了Ce的蒸发损失量。

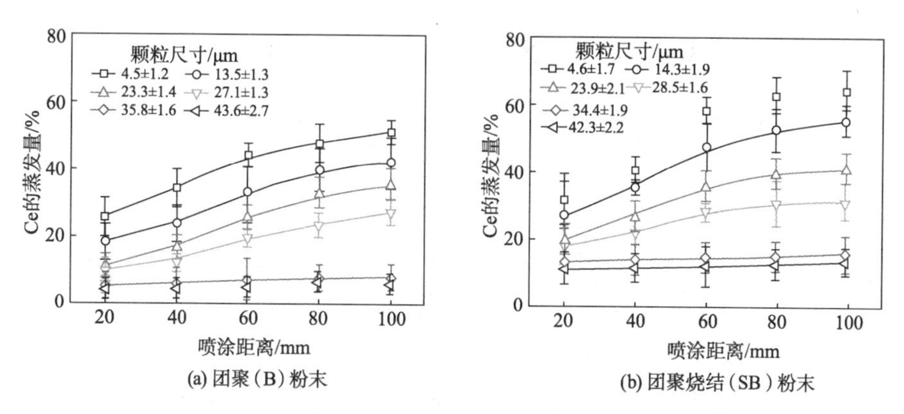

图6-16　两种类型LDC粉末，喷涂距离对不同直径的LDC粉末蒸发损失量的影响

从图6-16(a)中可以看出，对于团聚粉末而言，在同一喷涂距离下，Ce的蒸发量随粉末颗粒粒径的增加而降低，在喷涂距离为20mm，当粉末平均粒径从13.5μm增加到35μm时，Ce的蒸发损失量从18.8%降低到4.8%。当粉末的粒径大于30μm时，Ce的损失量低于5%，并不再随粉末粒径以及喷涂距离的变化而变化。对于同一粒径的粉末颗粒，Ce的蒸发损失量随喷涂距离的增加而增加。当粉末的平均粒径为4.5μm，当喷涂距离从20mm增加到100mm时，Ce的蒸发损失量从27.7%增加到53.3%。

从图6-16(b)中可以看出，对于团聚烧结粉末而言，Ce的蒸发行为与团聚粉末相似。然而，对于具有相当直径的粉末颗粒而言，团聚烧结粉末在喷涂过程中的蒸发量要大于团聚粉末。比如，当粉末的粒径大于30μm时，团聚粉末中Ce的蒸发损失量~15.2%，显著大于团聚烧结粉中Ce的蒸发量(<5%)，并不再随粉末粒径以及喷涂距离的变化而变化；对于平均颗粒直径约为4.5μm的粉末，在喷涂距离为20mm时，团聚粉末中Ce的蒸发量约为27.7%，而团聚烧结粉末

中 Ce 的蒸发量约为 32.6%。另外，在喷涂距离为 100mm 时，团聚粉末中 Ce 的最大蒸发量为 53.3%，而团聚烧结粉末中 Ce 的最大蒸发量约为 66.3%。这主要是因为对于相当尺寸的粉末，团聚烧结粉末表面温度要高于团聚粉末，如图 6-12 所示，从而使得前者中 Ce 的蒸发损失量也相应增加。

另外，对于两种喷涂粉末而言，当粉末颗粒直径大于 30μm 时，将喷涂距离从 20mm 增加到 100mm，Ce 的蒸发损失量均不再发生变化，保持在一个较低的值，对于团聚粉末而言，该蒸发损失量约为 5%，对于团聚烧结粉末而言，蒸发量约为 15.2%。因此，对于直径大于 30μm 的 LDC 粉末而言，当熔滴飞离喷涂出口 20mm 后，Ce 元素的蒸发就不再发生，从而，这些 LDC 颗粒中 Ce 的蒸发损失取决于 20mm 之前的加热状态。

6.2.4 等离子喷涂 LDC 颗粒中 Ce 的蒸发机制

上述结果表明，在等离子喷涂 LDC 过程中，颗粒尺寸是影响 Ce 选择性蒸发的主导因素。已有研究结果表明，等离子喷涂过程中，多组分陶瓷材料中元素选择性蒸发受到两种不同机制控制，这两种机制都与喷涂颗粒的尺寸相关。对于大尺寸的熔滴而言，扩散控制的质量迁移过程是控制蒸发的主导因素。而对小熔滴而言，Hill 球形涡流效应可以大大加速熔滴内部液体的对流，从而加速整个蒸发过程。

对于扩散控制的蒸发而言，在等离子射流的高温区，LDC 中的 Ce 以氧化物或是气态离子的形式蒸发并在 LDC 熔融粒子的表面形成一层贫 Ce 层。由于在喷涂距离较短时，熔滴内部的液体对流作用还没有开始，假设熔滴表面贫 Ce 层的厚度与颗粒尺寸无关，CeO_2的蒸发损失量与喷涂颗粒的比表面积成正比。从而，CeO_2的蒸发损失量与颗粒直径成反比。为了验证假设的正确性，如图 6-17 所示，建立了在喷涂距离为 20mm 时，两种类型粉末中 Ce 的蒸发损失量与喷涂颗粒直径倒数的关系。从图中可以看出，除了直径为 5μm 的颗粒外，Ce 的蒸发损失量都与直径的反比成线性关系，从而 Ce 的蒸发损失量与喷涂颗粒的比表面成正比。因此，在等离子喷涂过程中，当喷涂距离较短时，熔融液滴表面确实存在一定厚度的扩散层。对于直径~5μm 的团聚 LDC 颗粒而言，由于表面扩散层较厚，增加了扩散距离，降低了扩散速率，从而 Ce 的损失量偏离线性关系。粉末结构的不同导致团聚烧结粉末表面温度较高，从而，直径较小的颗粒，图中直径~13μm 的 LDC 粉末中 Ce 的损失量也稍微偏离线性关系。总体而言，等离子喷涂 LDC 过程中，熔滴在起始飞行阶段元素的蒸发损失取决于表面的扩散。

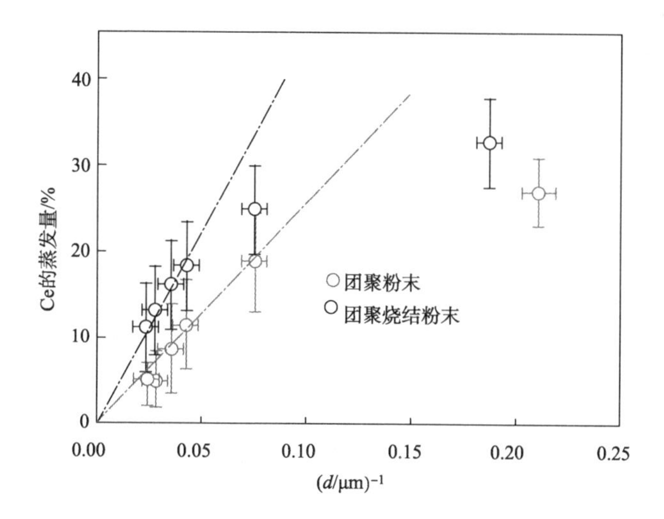

图 6-17　不同类型的 LDC 颗粒中 Ce 的蒸发损失量与喷涂颗粒直径的倒数的关系

对于直径小于 30μm 的 LDC 颗粒而言，Ce 的蒸发损失量随喷涂距离的增加而增加，可用 Hill 涡流效应来进行解释。Hill 球形涡流模型(Hill sphercial vortex model)是一种基于熔滴内部液体对流传质来描述流场中球形液滴内部流体运动状态的模型。Syed 等运用该模型来解释了等离子喷涂金属涂层过程中颗粒的氧化行为。在等离子喷涂过程中，在粒子的加速阶段，熔融粒子的速度远低于等离子射流的速度，由于速度差的存在，将会在熔融粒子内部出现液体的对流运动。粒子内部液体对流运动的激烈程度与粒子的相对雷诺数 Re 有关。一般来讲，雷诺数越大，熔滴内部对流运动越强烈。Re 由式(6-2)确定。

$$Re=\frac{\rho d_{p}\left|V_{g}-V_{p}\right|}{\mu} \tag{6-2}$$

式中　ρ——粒子密度，kg/m^3；

d_p——液滴直径，m；

V_g——气体速度，m/s；

V_p——液滴速度，m/s；

μ——液滴的运动黏度，m^2/s。

图 6-18 所示为 Fe 颗粒在等离子射流中颗粒内部对流运动状态随时间的变化，该图是根据 Hill 球形涡流计算得到的。可以看出，在 $t=0.2$ms 时，Fe 颗粒已经完全熔化，此时，液滴内部处于完全静止状态。当 $t=0.7$ms 时，熔融 Fe 颗粒内部出现了液体对流作用，随时间的增加，液滴内部的对流运动作用更加强烈。

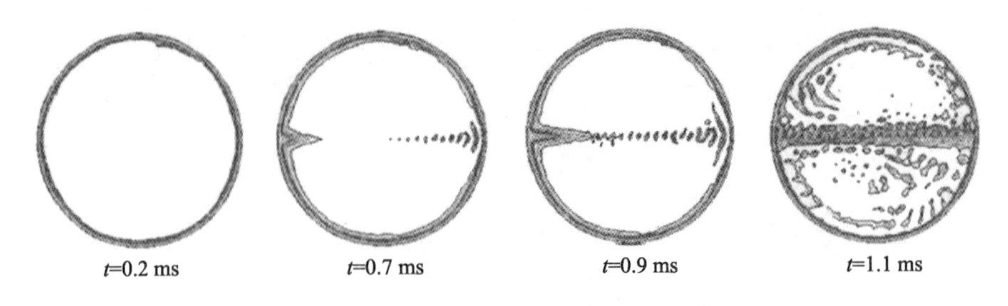

图 6-18　根据 Hill 球形涡流模型计算的在等离子体中运动的熔融 Fe 颗粒内部的对流运动

由图 6-19 可知，LDC 颗粒在等离子射流中的起始飞行阶段，熔滴表面存在贫 Ce 扩散层。在等离子射流中颗粒表面温度随颗粒直径的增加而降低，如图 6-11 所示，因此，随颗粒直径的降低，熔滴内部液体的黏度将会迅速降低；另外，随颗粒直径的降低，颗粒飞行的速度也会降低，如图 6-12 所示；从而飞行粒子与等离子射流之间存在较大的速度差而使得粒子内部出现对流运动。对于直径小于 30μm 的颗粒而言，熔滴内部较低的黏度以及与等离子射流之间较大的速度差导致其雷诺数增加，随时间推移，其内部对流运动加剧。从而熔融液滴内部的新鲜的未经蒸发的液体在对流作用下运动在液滴的表面，而表面的一层贫 Ce 扩散层也会随之运动到内部。这样，在高温等离子射流中，熔滴表面出现的未经蒸发的液体将会进一步发生 Ce 的蒸发而重新形成贫 Ce 层。如此往复，Ce 的蒸发量随喷涂距离(飞行时间)的增加而增加。然而，随喷涂距离的增加，等离子射流温度降低而导致熔滴表面温度降低，当 LDC 颗粒飞离等离子射流的高温区后，熔滴内部黏度增加，*Re* 迅速降低。已有研究结果表明，在等离子喷涂过程中，*Re* 对等离子射流温度具有很大的依赖性，当喷涂距离从 30mm 增加到 80mm 时，*Re* 相应地从 26 降低到 8。急剧降低的 *Re* 使得粒子内部对流作用大大减弱甚至停止。当喷涂距离从 80mm 增加到 100mm 时，Ce 的蒸发主要依靠表面的扩散作用，而扩散作用导致的表面蒸发速率很低，从而使得 Ce 的蒸发损失量基本不发生变化。

对于直径大于 30μm 的粉末颗粒，由于其在等离子射流中飞行时，Ce 的蒸发损失不随喷涂距离的增加而发生变化，如图 6-16 所示。这是因为对于大颗粒而言，其在等离子射流中达到熔融状态所需的飞行时间比较长。已有研究结果表明，直径为 30μm 的 LSGM 粒子在喷涂距离 50mm 处才能达到完全熔化状态。而当颗粒内部存在未熔化的固相颗粒时，熔滴内部的对流作用将会受到阻碍，从而蒸发作用将会大大减弱。而由图 6-17 可以推断，大的 LDC 粉末颗粒在等离子射流中运动时，在起始飞行阶段(喷涂距离小于 20mm)，表面层的扩散主导了整个蒸发过程。尽管喷涂距离进一步增加，但是由于没有对流作用的存在，表面扩散速率很慢，贫 Ce 层的存在进一步限制蒸发作用的进行，因此，直径大于 30μm 的 LDC 颗粒，扩散蒸发机制主导了整个蒸发过程。

总而言之，对于直径大于 30μm 的 LDC 颗粒，扩散蒸发主导了整个蒸发过程，故 Ce 的蒸发损失量较低；而对于直径小于 30μm 的 LDC 颗粒，熔融粒子在等离子射流中的强烈的对流作用导致了较高的 Ce 的蒸发损失量，且随 LDC 颗粒直径的降低，Ce 的蒸发损失量越大(图 6-16)。

对于两种不同类型的粉末，Ce 的蒸发损失量是不同的。喷涂粉末经过烧结后，Ce 的蒸发损失量增加。从图 6-15 和图 6-16 中可以看出，对于两种不同的粉末，其蒸发规律相似，从而两种粉末的蒸发机制相同。因此，Ce 的蒸发量损失量的不同是由两种粉末不同的结构造成的。由于团聚烧结粉末较致密，在等离子射流中很快能够被加热到较高的温度，因此，其具有较高的表面温度，如图 6-11 所示。另外，烧结粉末能够在短时间内被加热到完全熔融状态，从而熔滴能够在高温等离子射流中停留较长的时间。根据 Ce 在等离子射流中的蒸发机制，对于扩散控制的蒸发，高温使得扩散系数较高，从而，在喷涂距离为 20mm 时，团聚烧结粉末中 Ce 的蒸发量要高于团聚粉末中 Ce 的蒸发量。对于对流作用控制的蒸发而言，较高的颗粒温度降低了熔融颗粒的黏度，加速了颗粒内部液体对流的强度，从而导致了团聚烧结粉末的蒸发量要大于团聚粉末。在蒸发过程中，粒子表面温度决定了瞬时蒸发速率并对最终的蒸发量起主导作用。因此，在等离子射流中，相比于团聚粉末，团聚烧结粉末表面具有较高的温度，从而对于尺寸相当的颗粒，团聚烧结粉末中 Ce 的蒸发损失量要高于团聚粉末。

6.3 颗粒尺寸对等离子喷涂 LDC 涂层结构和成分的影响

6.3.1 等离子喷涂 LDC 涂层微观组织结构

图 6-19 是不同尺寸的 LDC 粉末沉积得到的涂层典型的抛光断面微观结构。由于涂层沉积过程中未采用基体预热，可以看出，这些涂层均呈现大气等离子喷涂典型的层状结构，且有大量未结合裂纹的存在，这主要是由于等离子喷涂涂层是单个粒子经过层层累加而形成的。涂层断面均出现三种类型的孔隙，分别为三维球形孔洞、层间裂纹和纵向裂纹。层间裂纹的方向平行于基体，是由于相互接触的单个粒子之间有限的界面结合而形成。纵向裂纹的方向垂直于基体，它们的形成来源于单个粒子在基体和已沉积涂层上的快速冷却而形成。三维球形孔洞的

形成原因归结于部分未熔颗粒的不完全的填充以及制样过程中颗粒的脱落。可以看出，这些涂层断面仅存在少量的三维孔洞，且每层单个粒子片层扁平化良好，表明在等离子喷涂过程中，LDC 粉末熔化状态良好。在颗粒尺寸相当的情况下，不同类型的两种粉末沉积得到的涂层的抛光断面微观形貌并无差别。通过对同类型粉末，不同尺寸的颗粒沉积得到的涂层微观结构进行对比，可以看出，不同尺寸的 LDC 粉末喷涂得到的涂层的层间未结合裂纹的长度不同，随喷涂颗粒尺寸的增加，层间未结合裂纹的长度随之增加。已有研究结果表明，在基体不预热的

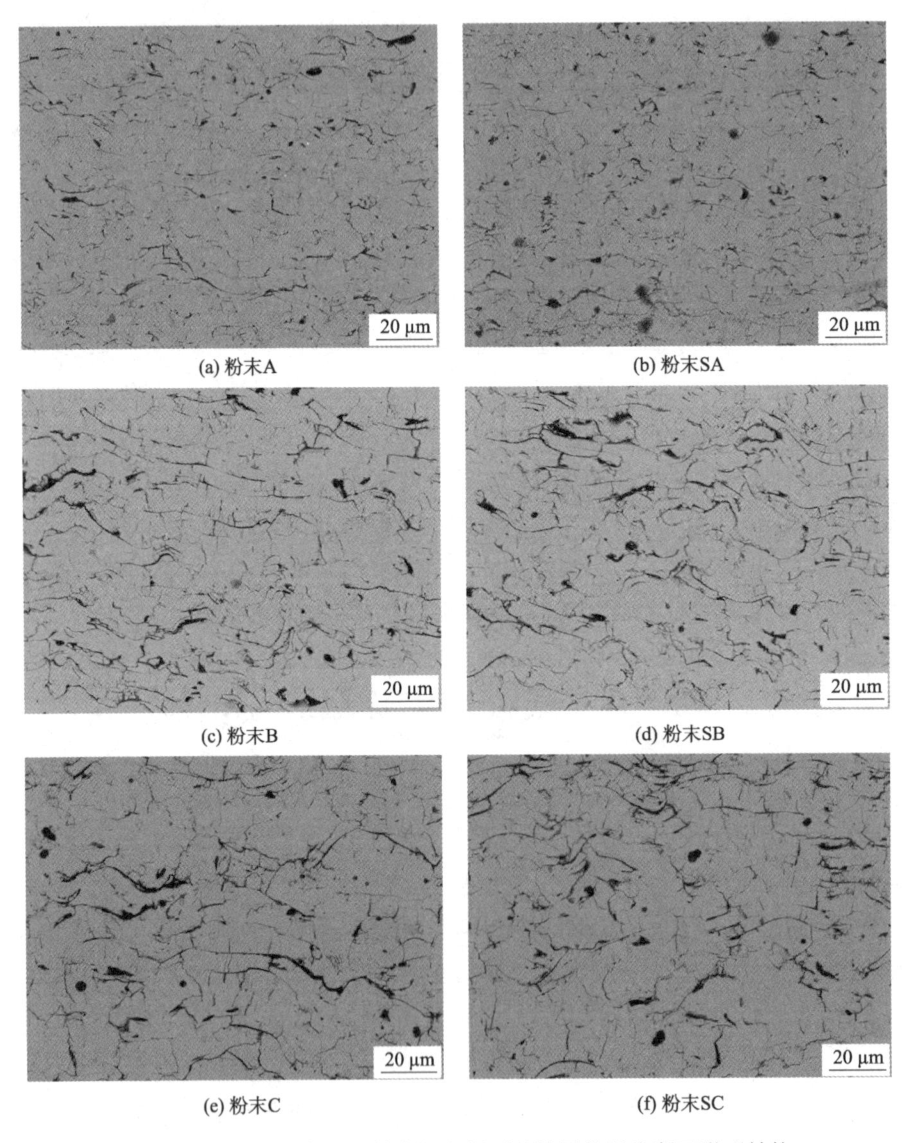

(a) 粉末A　(b) 粉末SA

(c) 粉末B　(d) 粉末SB

(e) 粉末C　(f) 粉末SC

图 6-19　不同尺寸 LDC 粉末沉积得到的涂层的抛光断面微观结构

情况下，等离子喷涂陶瓷涂层的单个粒子片层之间的层间结合率仅为32%。因此，三种尺寸粉末沉积得到的涂层的层间结合率相当，则当颗粒尺寸增大时，沉积的单个粒子直径随之增加，在同样结合率的条件下，大尺寸的扁平粒子之间的未结合区域的长度要大于小尺寸扁平粒子之间的未结合区域的长度，从而导致不同尺寸的粉末看起来具有不同的层间未结合裂纹长度。

6.3.2 粉末尺寸对等离子喷涂 LDC 成分稳定性的影响

图 6-20 为不同粉末沉积得到的涂层中 Ce 的蒸发损失量。其中，图中 Ce 蒸发量的实验值是对涂层的抛光断面进行面扫描能谱分析统计得到的平均值，计算值是根据不同粒径粉末所占百分比(图 6-3)，以及不同尺寸扁平粒子中 Ce 的蒸发损失量(图 6-16)，经过计算而得到。图 6-20(a)为采用团聚 LDC 粉末沉积得到的涂层中 Ce 的蒸发量，图 6-20(b)为采用团聚烧结 LDC 粉末沉积得到的涂层中 Ce 的蒸发量。可见，两种类型粉末中 Ce 的蒸发损失量的实验值和计算值都随平均粉末尺寸的增加而降低。对于团聚粉末，粉末 A、粉末 B 和粉末 C 制备得到的 LDC 涂层中得到的 Ce 的蒸发损失量的实验平均值分别为 21.33%、10.67%和 1.3%，计算平均值分别为 24.63%、12.79%和 3.77%。对于团聚烧结粉末，粉末 SA、粉末 SB 和粉末 SC 制备得到的 LDC 涂层中 Ce 的蒸发损失量的实验平均值分别为 33.45%、19.58%和 13.34%，计算平均值分别为 35.87%、21.43%和 15.7%。对于尺寸相当的 LDC 粉末，团聚粉末制备的涂层中 Ce 的蒸发损失量均低于团聚烧结粉末，这与图 6-16 中单个颗粒中 Ce 的蒸发损失量的结果是一致的。另外，实验得到的值与计算得到的值相当，说明熔滴中 Ce 的蒸发和涂层中 Ce 的蒸发结果是吻合的。

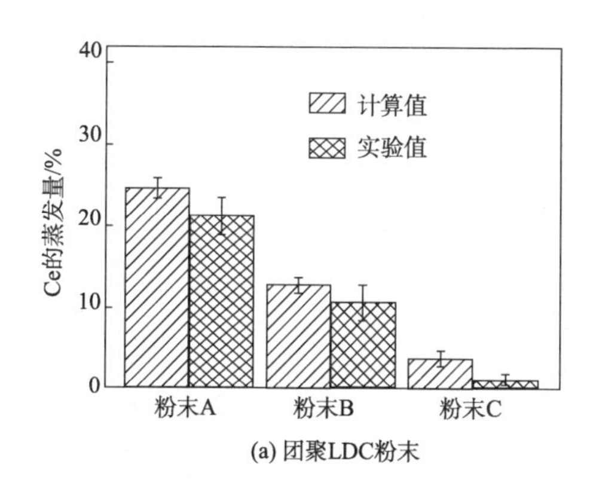

(a) 团聚LDC粉末

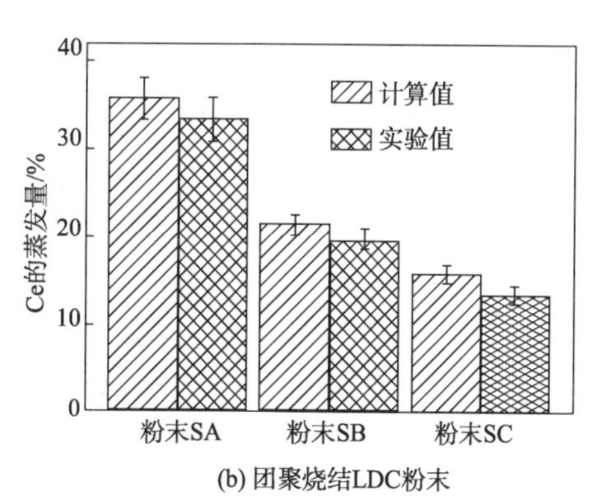

(b) 团聚烧结LDC粉末

图 6-20 不同类型粉末沉积得到的涂层中 Ce 的蒸发损失量的计算值和实验值

根据等离子喷涂 LDC 单个粒子蒸发的规律，表明在等离子喷涂过程中，LDC 单个粒子成分受到颗粒尺寸的影响显著。由于等离子喷涂涂层是由单个粒子层累加而形成，因此，涂层中 Ce 的蒸发损失与单个粒子中是一致的。对于粉末 A 和粉末 SA，在等离子喷涂过程中，蒸发量是最大的，主要是因为这两种粉末是由粉末尺寸小于 30μm 的颗粒组成。而对于粉末 C 和粉末 SC，蒸发量是最低的，是因为其中的大部分颗粒尺寸均大于 30μm。采用粉末 C 制备的涂层，Ce 的蒸发损失量仅 1.3%，考虑到误差的存在，在这种涂层中蒸发量是可以忽略不计的，因此，采用颗粒尺寸大于 30μm 的团聚 LDC 粉末，Ce 的蒸发损失可以忽略，可以得到稳定成分的 LDC 涂层。已有的研究结果也发现了类似颗粒尺寸对选择性蒸发影响的现象。Zhang 等报道在等离子喷涂 $SrZrO_3$ 的过程中，采用粒径大于 100μm 的粉末，Sr/Zr 的比例仅降低了 3.7%，而采用较小粒径粉末(45~100μm)时，Sr/Zr 的比例降低量可达 20%。Bakan 等采用较大尺寸的 $Gd_2Zr_2O_7$ 粉末(d_{50}=83μm)制备涂层时，Gd/Zr 的比例可达到 0.99，接近化学计量比。因此，采用等离子喷涂制备用于 LSGM 基 SOFC 的阻挡层时，基于颗粒尺寸大于 30μm 的 LDC 团聚粉末，可以得到稳定成分的 LDC 阻挡层。

6.4 主要参考文献

[1] Feng M, Goodenough JB, Huang KQ, et al. Fuel cells with doped lanthanumgallate electrolyte[J]. J Power Sources, 1996, 63(1): 47-51.

[2] Huang KQ, Wan JH, Goodenough JB. Increasing power density of LSGM-based solid oxide fuel cells using new anode materials[J]. J Electrochem Soc, 2001, 148(7): A788-A794.

[3] Singman D. Preliminary Evaluation of ceria-lanthana as a solid electrolyte for fuel cells[J]. J Electrochem Soc, 1966, 113(5): 1410-1416.

[4] Yoshida H, Deguchi H, Miura K, et al. Investigation of the relationship between the ionic conductivity and the local structures of singly and doubly doped ceria compounds using EXAFS measurement[J]. Solid State Ion, 2001, 140(3-4): 191-199.

[5] Schulz U, Saruhan B, Fritscher K, et al. Review on advanced EB-PVD ceramic topcoats for TBC applications[J]. Int J Appl Ceram Technol, 2004, 1(4): 302-315.

[6] Wang LS, Zhang SL, Liu T, Li CJ, Li CX, Yang GJ. Dominant effect of particle size on the CeO_2 preferential evaporation during plasma spraying of $La_2Ce_2O_7$[J]. Journal of the European Ceramic Society, 2017, 37(4): 1577-1585.

[7] Yao SW, Li CJ, Tian JJ, et al. Conditions and mechanisms for the bonding of a molten ceramic droplet to a substrate after high-speed impact[J]. Acta Mater, 2016, 119: 9-25.

[8] Li CJ, Li JL. Evaporated-gas-induced splashing model for splat formation during plasma spraying[J]. Surf Coat Technol, 2004, 184(1): 13-23.

[9] Fukumoto M, Nishioka E, Matsubara T. Flattening and solidification behavior of a metal droplet on a flat substrate surface held at various temperatures[J]. Surf Coat Technol, 1999, 120: 131-137.

[10] Zhang SL, Liu T, Li CJ, et al. Atmospheric plasma-sprayed $La_{0.8}Sr_{0.2}Ga_{0.8}Mg_{0.2}O_3$ electrolyte membranes for intermediate-temperature solid oxide fuel cells[J]. J Mater Chem A, 2015, 3(14): 7535-7553.

[11] Wan YP, Prasad V, Wang GX, et al. Model and powder particle heating, melt-

ing, resolidification, and evaporation in plasma spraying processes[J]. J Heat Trans-T ASME, 1999, 121(3): 691-699.

[12] Syed AA, Denoirjean A, Denoirjean P, et al. In-flight oxidation of stainless steel particles in plasma spraying[J]. J Therm Spray Technol, 2005, 14(1): 117-124.

[13] Vardelle M, Vardelle A, Fauchais P, et al. Plasma-particle momentum and heat-transfer: Modeling and measurements[J]. Aiche J, 1983, 29(2): 236-243.

[14] Espie G, Fauchais P, Labbe JC, et al. Oxidation of iron particles during APS: effect of the processon formed oxide wetting of droplets on ceramics substrates. In: Berndt CC, Lugscheider EF, editors. International thermal spraying conference: Materials Park, 2001.

[15] EF, editors. International thermal spraying conference: Materials Park, 2001. Espie G, Denoirjean A, Fauchais P, et al. In-flight oxidation of iron particles sprayed using gas and water stabilized plasma torch[J]. Surf Coat Technol, 2005, 195(1): 17-28.

[16] Clyne TW, Gill SC. Residual stresses in thermal spray coatings and their effect on interfacial adhesion: A review of recent work[J]. J Therm Spray Technol, 1996, 5(4): 401-418.

[17] Li GR, Lv BW, Yang GJ, et al. Relationship between lamellar structure and elastic modulus of thermally sprayed thermal barrier coatings with Intra-splat cracks[J]. J Therm Spray Technol, 2015, 24(8): 1355-1367.

[18] Ohmori A, Li CJ. Quantitative Characterization of the structure of plasma-sprayed Al_2O_3 coating by using copper electroplating[J]. Thin Solid Films, 1991, 201(2): 241-252.

[19] Zhang YF, Mack DE, Jarligo MO, et al. Partial evaporation of strontium zirconate during atmospheric plasma spraying[J]. J Therm Spray Technol, 2009, 18(4): 694-701.

[20] Bakan E, Mack DE, Mauer G, et al. Gadolinium zirconate/YSZ thermal barrier coatings: plasma spraying, microstructure, and thermal cycling behavior[J]. J Am Ceram Soc, 2014, 97(12): 4045-4051.

7

基于组织结构的LDC阻挡层等离子制备工艺调控

在上一章中，由颗粒尺寸对 LDC 单个粒子以及涂层成分的影响规律可知，通过调控喷涂粉末尺寸，可以实现涂层成分的调控，从而得到成分稳定的 $Ce_{0.6}La_{0.4}O_2$(LDC)涂层。在以 LSGM 为电解质的 SOFC 中，由于 LSGM 与 Ni 基阳极之间的界面反应而使得电池的输出性能衰减。在本章中，基于 LDC 在 SOFC 运行过程中的应用环境，对 LDC 粉末与 LSGM 电解质以及 Ni 基阳极之间的化学相容性进行了探讨，并且基于沉积温度对 LDC 涂层组织结构以及电学性能的影响规律，通过喷涂制备工艺来调控涂层的微观组织结构，进而优化涂层电学性能。最后，利用等离子喷涂技术在 LSGM 电解质和 Ni 基阳极之间植入优化的等离子喷涂 LDC 阻挡层，进而对组装电池、电池输出性能以及界面稳定性进行探究，以期为制备性能稳定的 LSGM 电解质基电池提供一定的理论依据。

7.1 喷涂材料及喷涂工艺

7.1.1 喷涂材料及基体的选择

根据上一章结果可知，在等离子喷涂中，采用尺寸大于 30μm 的团聚 LDC 粉末可以得到成分稳定的 LDC 涂层。因此，在本章中，基于经过筛分的尺寸大于 30μm 的团聚 LDC 粉末进行涂层的制备。图 7-1 所示为 LDC 团聚粉末的低倍和高倍微观结构形貌。从图中可以看出，大部分粉末尺寸均在 30μm 以上，符合要求，从高倍图中可以看出，单一的团聚粉末是由微纳米粉末团聚造粒得到，粉末呈现多孔球形结构。

(a) 30 μm(低倍)

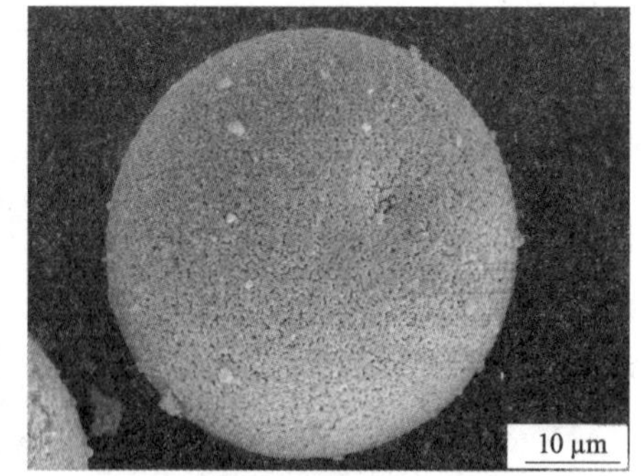

(b) 30 μm(高倍)

图 7-1　LDC 喷涂粉末形貌

LSGM 电解质片采用固相烧结的方法制备，所用粉末与第 4 章中相同，均是 FCM 公司生产的商用 LSGM 粉末。首先，将 LSGM 粉末在 150MPa 的压力下冷压成形，得到预烧结块体，然后在1400℃下热处理10h得到直径为15mm、厚度约为500μm的圆形LSGM烧结体试样。由于LSGM材料在高温热处理过程中极易产生杂相，因此，采用X射线衍射仪对LSGM烧结试样进行相结构的分析。图7-2所示为经过1400℃热处理10h后得到的LSGM电解质的断面形貌以及XRD图谱。从图7-2(a)中可以看出，LSGM呈现出致密的结构，采用图像法得出其表观孔隙率~3%，表明该LSGM烧结试样符合块材的要求。从图7-2(b)中可以看出，经过高温烧结后的LSGM试样呈现单一的钙钛矿结构，无杂相存在。因此，烧结后得到的LSGM块材的微观组织结构和相结构均满足SOFC电解质的要求，其可以作为SOFC的电解质使用。将制备得到的LSGM烧结体试样采用砂纸进行打磨后得到直径为13mm、厚度为350μm的圆形试样，用于组装电池并进行电池性能测试。

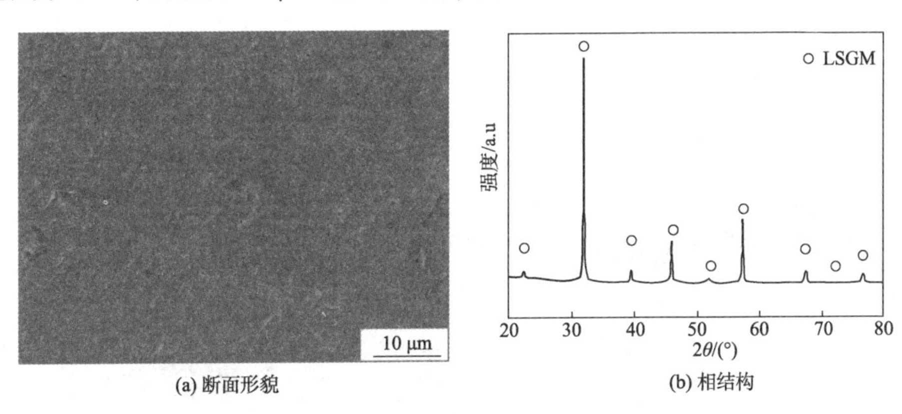

图7-2　高温烧结LSGM块材断面形貌及相结构

另外，阳极材料选用商用球形团聚NiO/GDC喷涂粉末，阴极材料选用商用球形LSCF喷涂粉末，两种粉末低倍形貌如图7-3所示，NiO/GDC喷涂粉末以及LSCF喷涂粉末的粒度分布分别为30~70μm以及5~20μm。

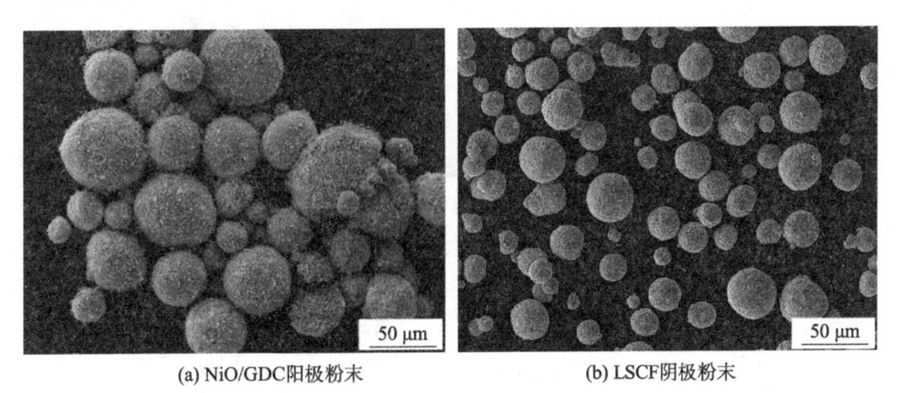

图7-3　阳极和阴极喷涂粉末形貌

7.1.2 LDC 与 LSGM 和 NiO 之间的化学相容性表征

由于 LDC 原始球形喷涂粉末的粒径较大，为了能够较精确地得到 LDC 粉末与 LSGM 粉末以及 NiO 粉末之间的化学稳定性，本章对 LDC 粉末进行了球磨处理，采用玛瑙磨球，球料比为 10∶1，以酒精作为介质，球磨时间选定为 20h。球磨后的 LDC 粉末形貌如图 7-4(a)所示，可以看出，球磨后，原始球形的 LDC 粉末结构被破坏，粉末呈现纳米和亚微米尺寸。另外，NiO 粉末也采用纳米粉末，形貌如图 7-4(b)所示。在本章中，将球磨后的 LDC 粉末分别与 NiO 粉末和 LSGM 粉末采用质量比 1∶1 的方式进行均匀混合后，置于高温炉中 1400℃ 热处理 10h。采用 X 射线衍射仪分析热处理前后混合物的相结构，依次来分析 LDC 与 LSGM 和 NiO 之间的化学相容性。

(a) 球磨后LDC粉末　　(b) NiO纳米粉末

图 7-4　球磨后的 LDC 粉末和 NiO 纳米粉末的形貌

7.1.3 LDC 涂层的成分、微观组织结构和电导率表征

等离子喷涂 LDC 涂层的制备方法与上一章相似，基体采用不锈钢，为了探究沉积温度对 LDC 涂层微观结构和电导率的影响，基体分别预热到 100℃、300℃和 500℃。对于电导率测试试样而言，在不同基体预热温度下制备了 LDC 涂层，LDC 涂层直径为 13mm，厚度在 800μm 以上，涂层制备完成后，采用砂纸将基体去除，得到自由涂层，厚度~500μm。涂层的微观组织结构采用 SEM 进行表征。涂层成分采用 EDS 进行分析，具体方法为：在涂层抛光断面上随机选取 10 个不同的区域，采用 EDS 对每个区域内的 Ce 和 La 元素的含量进行统计，求其平均值，即作为该涂层的成分。电导率采用恒电位仪和交流阻抗谱法进行测试，频率变化范围为 $10^{-1}\sim10^{5}$Hz，交流偏压为 25mV。本章选用自由涂层试样进行纵向电导率的测量，首先，在自由涂层两侧均匀涂覆一层银浆，涂覆区域为直

径 8mm 的圆形区域。将试样在 200℃下保温 5h 使银浆固化。测试装置与上一章中电池测试装置相同，试样两侧置于空气气氛下，测试温度为 500~800℃。首先将试样在 800℃保温 30min，使得银浆进一步固化烧结，后在降温过程中测试涂层的电导率，降温速率设置为 3℃/min。

7.1.4 单电池的制备与性能测试

为了更好地体现 LDC 阻挡层在整个电池中的作用，采用 LSGM 电解质支撑的电池对电池输出性能及稳定性进行测试。首先，在制备 LDC 阻挡层前，对 LSGM 的表面进行喷砂处理，喷砂完毕后在 LSGM 表面上采用优化后沉积温度制备厚度为 20~30μm 的 LDC 阻挡层。然后，采用大气等离子喷涂的方法在 LDC 涂层表面制备厚度 30~40μm 的 NiO/GDC 阳极涂层。最后，在 LSGM 电解质的另一面制备一层 LSCF 阴极，阴极有效面积为 $8cm^2$。各层制备的喷涂参数见表 7-1。

表 7-1　等离子喷涂 LDC 阻挡层、NiO/GDC 阳极层及 LSCF 阴极层喷涂参数

参数	单　位	LDC	NiO/GDC	LSCF
等离子弧功率	kW	36	36	30
等离子弧电压	V	50	60	50
等离子弧电流	A	720	600	600
Ar 气流量	L/min	60	45	60
H_2气流量	L/min	6	4.5	1.5
喷涂距离	mm	80	100	100

在进行电池性能测试前，采用银浆分别均匀涂覆在电池阴极和阳极两侧后，将试样置于烘箱中 200℃处理 2h，使银浆固化。然后将整个电池置于单电池测试装置中。阳极侧通以含有 3%H_2O 的 H_2作为燃料气体，阴极侧通以 O_2作为氧化气体。H_2和空气的流量分别采用 0.1slpm 和 0.15slpm。测试温度范围为 600~750℃，升降温速率均为 3℃/min。

为了测试整个电池的运行稳定性，将电池在 650℃下运行 400h，整个运行过程中，电流密度保持恒定值，大小为 $250mA/cm^2$。在电池运行过程中，对电池的电压和输出功率密度进行测量。电池稳定性测试完成后，采用 SEM 对电池阳极侧微观结构进行观察，并采用 EDS 线扫描分析各元素的分布。

7.2 LDC 与 LSGM 及 NiO 的化学相容性分析

图 7-5 为热处理前后 LSGM 和 LDC 及 NiO 混合物的 XRD 图谱，从图 7-5(a)中可以看出，热处理前后 LSGM 和 LDC 混合物的相结构相同，无第二相存

在。图 7-5(b)为高温热处理前后 LDC 和 NiO 混合物的 XRD 图谱，热处理后混合物粉末中仍然只存在 NiO 和 LDC 两种相，且相结构与原始粉末相同，结果表明，在 1400℃高温热处理 10h 后，LDC 和 LSGM 之间以及 LDC 和 NiO 之间没有发生化学反应，它们之间的化学相容性良好。

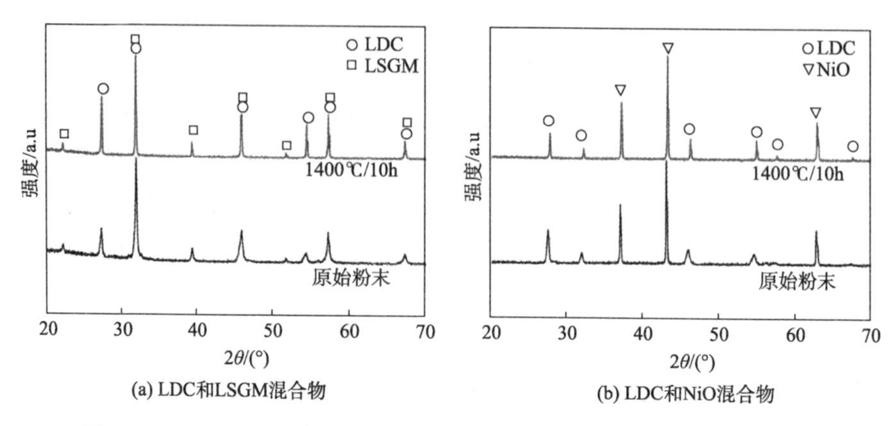

图 7-5　1400℃热处理 10h 前后 LDC 与 LSGM 及 NiO 混合物的 XRD 图谱

以上试验得到的结果与 Huang 等报道的是一致的，他们基于相图分析以及实验相结合的方法证明了当 LDC 中 La 的摩尔含量为 40%时，LDC 与 LSGM 以及 NiO 之间的化学反应得以避免。在本章中，La 在 CeO_2 中的摩尔含量为 40%，LDC 粉末与 LSGM 粉末及 NiO 粉末在高温下化学相容性良好，进一步明确了 LDC 作为以 NiO 为阳极、以 LSGM 为电解质的电池阻挡层材料具有较高的可行性。

7.3　沉积温度对等离子喷涂 LDC 微观组织结构的影响

为了确保制备得到的 LDC 涂层的成分符合要求，采用 EDS 对涂层进行成分分析，不同沉积温度下制备的 LDC 涂层以及原始粉末中 Ce/La 的值见表 7-2。可以看出，LDC 涂层成分与原始粉末成分相当，且不同沉积温度下得到的涂层成分相似，表明等离子喷涂制备的 LDC 涂层的成分适合作为阻挡层。

表 7-2　LDC 喷涂粉末以及不同沉积温度下制备的 LDC 涂层的成分

样　　品	Ce/La(摩尔比)
LDC 粉末	1. 507±0. 012
LDC 涂层(100℃)	1. 495±0. 009
LDC 涂层(300℃)	1. 503±0. 005
LDC 涂层(500℃)	1. 490±0. 011

图 7-6 所示为不同沉积温度下采用等离子喷涂制备的 LDC 涂层的表面形貌。从图中可以看出，涂层表面单个粒子铺展，表明颗粒熔化状态良好。当沉积温度为 100℃时，在电解质表面上存在相互连接的裂纹，如图 7-6(a)所示，其中包含宽度可达 500nm 的粗大裂纹；当沉积温度进一步增加到 300℃时，如图 7-6(b)所示，裂纹数量和宽度都明显降低，但是仍然存在一些网状裂纹；当沉积温度进一步增加到 500℃时，如图 7-6(c)所示，涂层表面相对光滑，难以观察到裂纹的存在，从放大的图像中可以看出几乎整个扁平粒子表面都没有裂纹的存在。等离子喷涂陶瓷材料的过程中，扁平粒子表面的裂纹是由于其在沉积凝固后温度急剧下降而产生的淬火应力引起的。当涂层沉积温度较高时，扁平粒子冷却过程中的温度梯度较低，而产生的淬火应力相对较低，从而扁平粒子表面出现较少微裂纹；而当沉积温度较低时，扁平粒子冷却过程中的温度梯度大，淬火应力增加，由此产生粗大的裂纹。

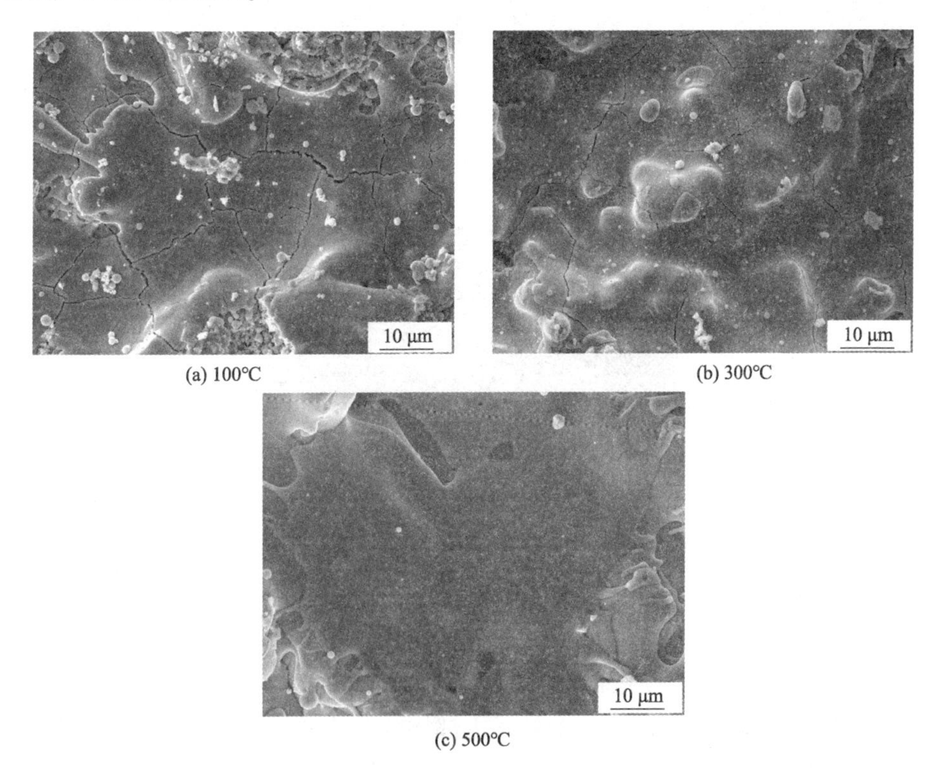

(a) 100℃　　(b) 300℃

(c) 500℃

图 7-6　沉积温度对 APS LDC 涂层表面形貌的影响

对涂层内部层间结合状态进行探究采用的方法为将涂层沿垂直于表面方向掰开，对涂层断面微观组织结构的差异进行观察。图 7-7 所示为采用等离子喷涂在不同沉积温度下制备的 LDC 涂层的断面形貌。当沉积温度为 100℃时，如图 7-7

(a)所示，等离子喷涂 LDC 涂层呈现典型的层状结构。在涂层断面上存在大量的层间未结合区域，如箭头 A 所示，这些层间未结合区域存在于单个粒子层与层之间或是多层之间。同时也发现了纵向裂纹的存在，如箭头 B 所示。该纵向裂纹的实质是单个粒子内部的裂纹。另外，可以看出，单个粒子内部为典型的柱状结构，这些柱状结构的形成是由于熔滴凝固过程中熔融 LDC 依附在基体或已沉积涂层表面晶粒上发生非均匀形核，形成的稳定晶核继而沿与界面垂直方向生长为柱状晶粒。当沉积温度为 100℃时，涂层内部也有部分柱状晶粒跨界面生长的现象，如白色箭头所示，涂层内部单个粒子之间结合良好，厚度为 2~3μm。

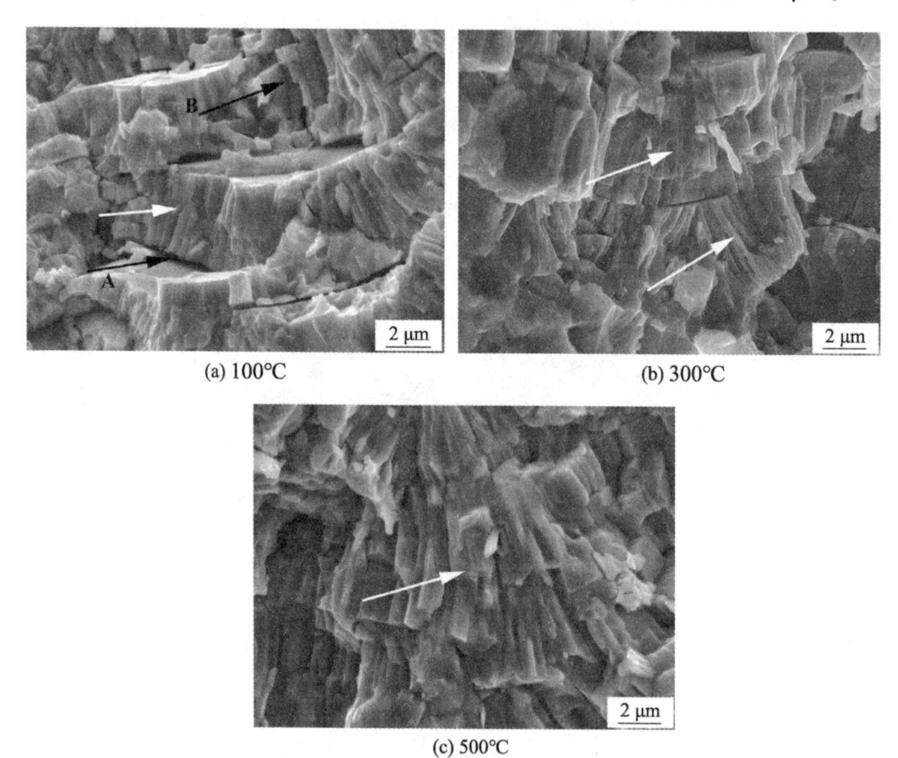

(a) 100℃　(b) 300℃

(c) 500℃

图 7-7　不同沉积温度下制备的 APS LDC 涂层断面形貌

当沉积温度进一步增加到 300℃时，如图 7-7(b)所示，单个粒子之间的层间裂纹数量进一步减少，同时单个粒子内部柱状晶跨界面生长的现象更加明显，且柱状晶的长度进一步增加到 4~5μm，如白色箭头所示；说明随沉积温度的增加，涂层内部的层间结合率提高，纵向裂纹数量也进一步减少。

当沉积温度增加到 500℃时，如图 7-7(c)所示，层间结合率显著提高，难以观察到单个粒子间的未结合界面，同时单个粒子内部跨界面连续生长的现象更加明显，柱状晶的长度增加到超过 10μm，如白色箭头所示。同时，在涂层内部也难以观察到垂直裂纹，表明随沉积温度增加，单个粒子在沉积到基体或是已沉积涂层上后，在凝固过程中淬火应力显著降低。

以上结果表明，不采用基体预热时，传统等离子喷涂陶瓷涂层的层间结合率低于32%，随沉积温度增加，层间结合率提高。另外，Yang等报道采用等离子喷涂制备的陶瓷涂层存在临界结合温度，临界结合温度的大小与材料本身相关，比如，当沉积温度高于315℃时，等离子喷涂 Al_2O_3单个粒子与涂层实现了良好结合；而对于等离子喷涂YSZ而言，尽管沉积温度高达460℃，单个粒子与基体间仍然没有得到有效结合。Xing等报道当沉积温度从室温增加到686℃时，等离子喷涂制备的YSZ涂层的层间结合率从32%增加到50%。本研究的结果表明，对于等离子喷涂LDC涂层而言，当沉积温度增加到500℃时，涂层内部单个粒子之间层间结合良好，单个粒子内部柱状晶发生跨界面连续生长，且单个粒子凝固过程中淬火应力降低，纵向裂纹数量也相应减少，这种结构使得LDC涂层的本身致密性增加。

7.4 不同沉积温度等离子喷涂LDC涂层电导率

图7-8为不同沉积温度下制备的等离子喷涂LDC涂层与LDC原始粉末的XRD图谱，可以看出，在不同沉积温度下制备的涂层的相结构与原始粉末相同，均为立方结构的钙钛矿相，结果表明沉积温度对涂层的相结构没有显著影响。

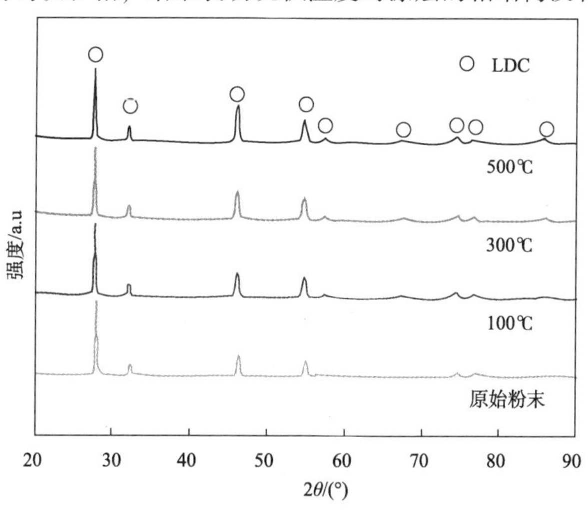

图7-8　LDC粉末以及不同沉积温度下制备的大气等离子喷涂LDC涂层的XRD图谱

由于阻挡层连接 SOFC 的阳极层与电解质层，因此，作为阻挡层材料应具有一定的氧离子电导率，从而可以降低阻挡层带来的整个电池内阻的升高。在 SOFC 工作过程中，氧离子沿垂直方向穿过电解质和阻挡层传输到阳极，并与阳极中的 H^+结合生成 H_2O。因此，本章测量的是 LDC 涂层在垂直于涂层沉积方向上的电导率随温度的变化。图 7-9 为不同温度下三种 LDC 涂层以及从文献中得到的 LDC 块材的离子电导率随温度的变化。可以看出，随温度的增加，涂层的离子电导率显著增加，表明，LDC 电导率对温度的依赖性与其他固态氧离子导体(如 YSZ、GDC、LSGM 等)相同。对于在沉积温度为 100℃时制备的 LDC 涂层，在 500℃时，其离子电导率为 6.62×10^{-5}S/cm；当温度进一步增加到 700℃时，其离子电导率增加到 0.00195S/cm。另外，LDC 涂层的离子电导率随沉积温度的增加而增加。在 800℃ 时，当沉积温度为 100℃ 时，LDC 涂层的离子电导率为 0.0067S/cm；当沉积温度为 300℃时，LDC 涂层的离子电导率增加到 0.0096S/cm；而当沉积温度进一步增加到 500℃ 时，LDC 涂层的离子电导率增加至 0.015S/cm。由此可见，当沉积温度从 100℃提升到 500℃时，LDC 的离子电导率的提升超过两倍。文献中给出的 LDC 块材在 800℃时的离子电导率为 0.02S/cm，说明当沉积温度为 500℃时，LDC 涂层的离子电导率可达块材的 75%。

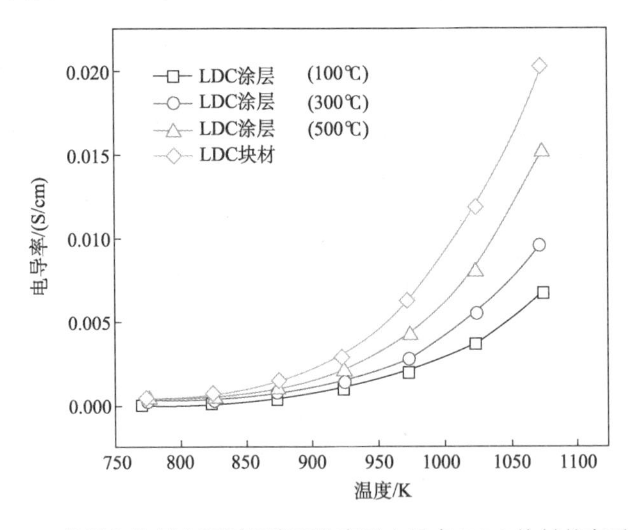

图 7-9　LDC 涂层和块材在不同温度下的离子电导率(LDC 块材的离子电导率)

从 LDC 涂层的相结构图(图 7-8 中可知)，沉积温度对涂层的相结构没有显著影响，因此，认为涂层离子电导率的不同来源于涂层内部组织结构的差异。邢亚哲等研究发现在等离子喷涂 YSZ 涂层中，存在的未结合界面切断了氧离子直接传输路径，使得氧离子的有效传输面积明显减少，显著降低了涂层的离子电导率。此外，这种有限结合会产生接触电阻，也会降低涂层的氧离子电导率。他们通过对涂层离子电导率的测量发现，有限的界面结合使得涂层的离子电导率降低到块材的 1/5。在本书中，沉积温度同样影响了涂层的层间结合率，随沉积温度的增加，层间结合率也相应增加，这与沉积温度对涂层电导率的影响是一致的，表明等离子喷涂 LDC 涂层的离子电导率主要受涂层层间结合率的影响。

LDC 涂层电导率与温度之间的关系可以用 Arrehenius 方程表达，如式(7-1)所示。

$$\sigma T = A\exp\left(-\frac{E_a}{kT}\right) \tag{7-1}$$

式中 σ——离子电导率，S/cm；

T——温度，K；

A——前置因子；

E_a——导电活化能，eV；

k——Boltzmann 常数，$k=1.38\times10^{-23}$，J/K。

图 7-10 为涂层电导率随温度变化的 Arrehenius 曲线。根据式(7-1)，$\ln(\sigma T)$与 $1/T$ 之间服从线性关系，直线的斜率为电导活化能。图 7-10 中，在测试温度范围内(500~800℃)，涂层的 $\ln(\sigma T)$与 $1/T$ 呈现线性关系，每条直线的斜率为该涂层的电导活化能。可以看出，沉积温度为 100℃、300℃和 500℃制备的 LDC 涂层的电导活化能分别为 1.07eV、1.08eV 和 1.08eV，而文献中给出的 LDC 块材的活化能为 1.10eV。三种涂层的电导活化能值与块材的电导活化能值相差不多，由于活化能反映了电导率对温度的的依赖性，结果表明涂层电导率对温度的依赖性与块材是相似的。

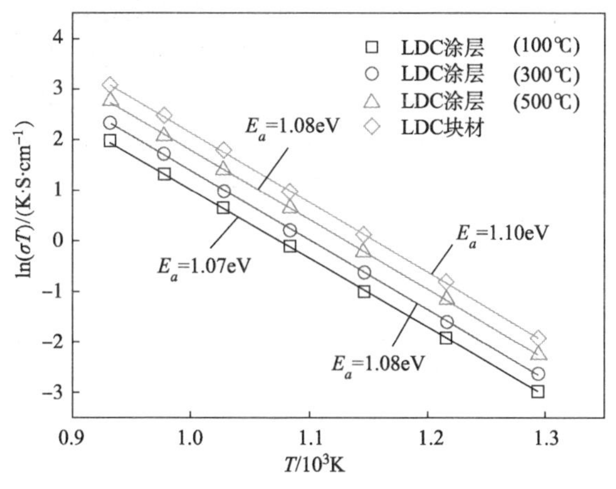

图 7-10 LDC 块材及涂层电导率随温度变化的 Arrehenius 曲线(LDC 块材的活化能)

7.5 单电池的微观组织结构和输出性能

根据文献报道，在 SOFC 中，LSGM 电解质和 NiO 阳极之间的阻挡层一方面用来阻止 La 和 Ni 的相互扩散，从而需要较为致密的结构；另一方面，阻挡层需要具有较高的离子电导率来降低电池欧姆内阻。基于对 LDC 涂层微观结构和离子电导率的研究，当沉积温度为 500℃时，LDC 涂层具有较致密的结构和较高的离子电导率。因此，本章选用沉积温度为 500℃时得到的 LDC 阻挡层来组装 LSGM 支撑的 SOFC。阳极侧和阴极侧半电池的抛光断面如图 7-11 所示。图 7-11(a) 为阳极侧半电池，从图中可以看出，半电池由三层组成，分别为 LSGM 电解

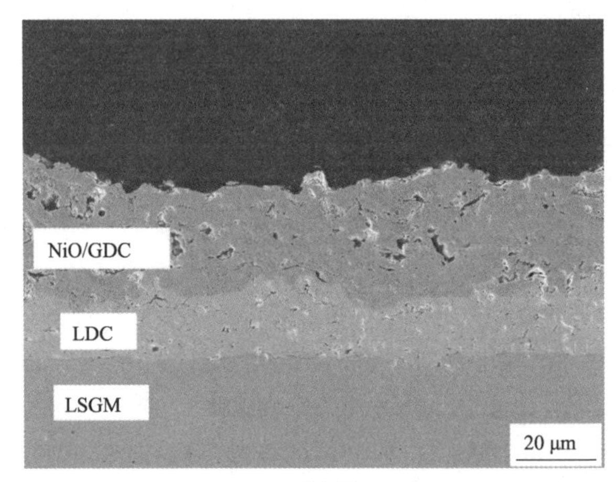

(a) 阳极侧

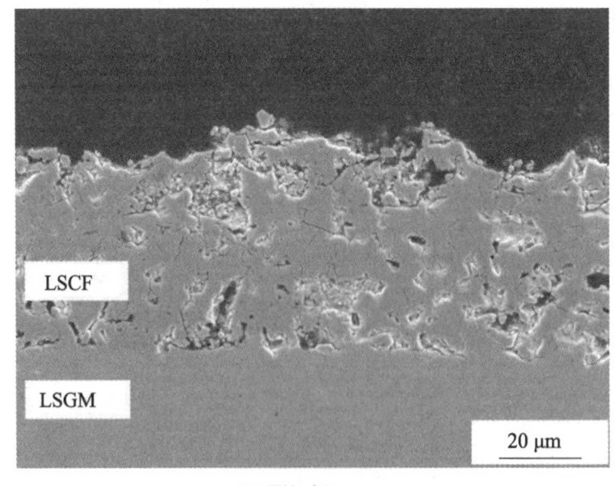

(b) 阴极侧

图 7-11　LSGM 支撑的单电池抛光断面微观结构

质、LDC 阻挡层和 NiO/GDC 阳极层。其中，等离子喷涂 LDC 阻挡层的厚度为 10~20μm，等离子喷涂 NiO/GDC 阳极层的厚度为 30~40μm。并且，LDC 阻挡层与 LSGM 电解质以及 NiO/GDC 阳极之间界面结合良好。此外，等离子喷涂 LDC 阻挡层粗糙的表面可以为阳极反应提供更多的三相界面。图 7-11(b)为阴极侧半电池，可以看出，等离子喷涂 LSCF 阴极层的厚度为 20~30μm，呈现多孔的结构，且与 LSGM 电解质结合良好。由于喷涂 LSCF 阴极采用的喷涂功率为 30kW，较低的喷涂功率使得涂层中存在较多的半熔颗粒，增加阴极涂层内部颗粒的比表面积，从而为阴极反应提供更多的三相界面。

单电池输出性能如图 7-12 所示，可以看出，电池开路电压约为 1.10V，接近能斯特方程计算得到的理论值，表明单电池的密封符合要求。从图中可以看出，电池的 *I-V* 曲线为直线，表明欧姆阻抗占据主导地位。在温度为 600℃时，单电池最大输出功率约为 112mW/cm^2，当温度进一增加到 650℃、700℃和 750℃时，单电池最大输出功率密度分别增加到 198mW/cm^2、307mW/cm^{2}和 460mW/cm^2。根据文献报道，当 LSGM 支撑的单电池由 500μm 厚的 LSGM 块材、SDC 阻挡层、NiO/SDC 阳极层以及 LSCo 阴极层组装而成时，其在 750℃的最大输出功率为 370mW/cm^2。考虑到 LSGM 电解质的厚度为 350μm，因此，电池输出性能与文献报道的结果相当。结果表明，虽然相比于 SDC 材料来讲，LDC 材料本身具有相对较低的离子电导率，但是组装得到单电池仍然得到了与 SDC 作为阻挡层的单电池可以比拟的输出性能，表明在沉积温度为 500℃时制备的等离子喷涂 LDC 阻挡层，并没有使电池的欧姆内阻的急剧增加。

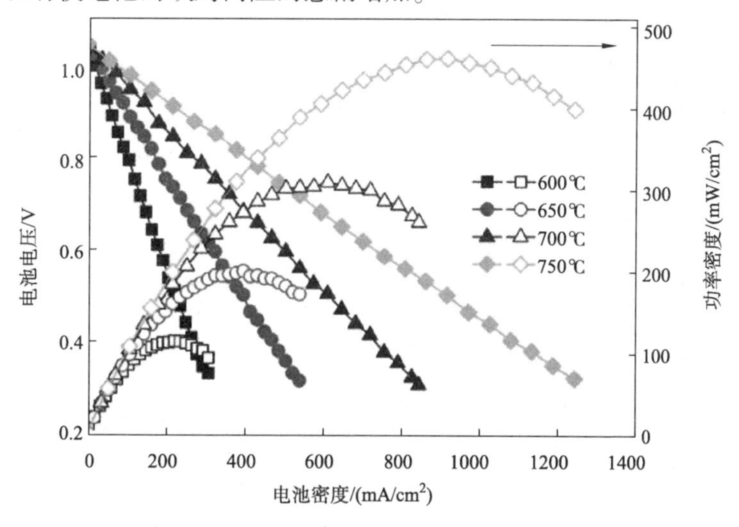

图 7-12　以等离子喷涂 LDC 为阻挡层组装的 LSGM 支撑的单电池输出性能

图 7-13 为在开路电压下，在 600~750℃范围内测得的单电池的交流阻抗谱。由第 3 章可知，阻抗谱在高频段的截距代表欧姆阻抗(R_o)，在低频段的截距代表整个电池的阻抗(R_t)，两者的差值代表电池的极化阻抗(R_p)。表 7-2 列出了不同温度下，测得的单电池的各个阻抗值。可以看出，欧姆阻抗以及极化阻抗都随温度的增加而降低。在 600℃时，电池的欧姆阻抗和极化阻抗分别为 1.4Ω·cm^2 和 1.0Ω·cm^2；当温度升到 750℃时，电池的欧姆阻抗也相应地分别降低到 0.53Ω·cm^2和 0.15Ω·cm^2。LSGM 块材和 LDC 涂层(沉积温度为 500℃)的离子电导率分别为 0.07S/cm 和 0.0085S/cm，因此计算得到的 LSGM 和 LDC 总的欧姆电阻为 0.65Ω·cm^2。计算结果稍大于测量值(0.53Ω·cm^2)。Bi 等在研究 LDC-LSGM 电池时也获得了低于理论计算值的电阻值。这种现象的产生可能是由于 LSCF 中的 Co 元素扩散到 LSGM 中，形成部分 LSGMC，使电解质的离子电导率提高，从而电阻降低。另外，Singman 等报道了在较低的氧分压下，LDC 的离子电导率也会提升。由此也可能会造成整个电池内阻的下降。低欧姆阻抗值表明了等离子喷涂 LDC 阻挡层有效阻止了 LSGM 与 NiO 阳极之间界面反应，而没有形成高电阻的杂相。

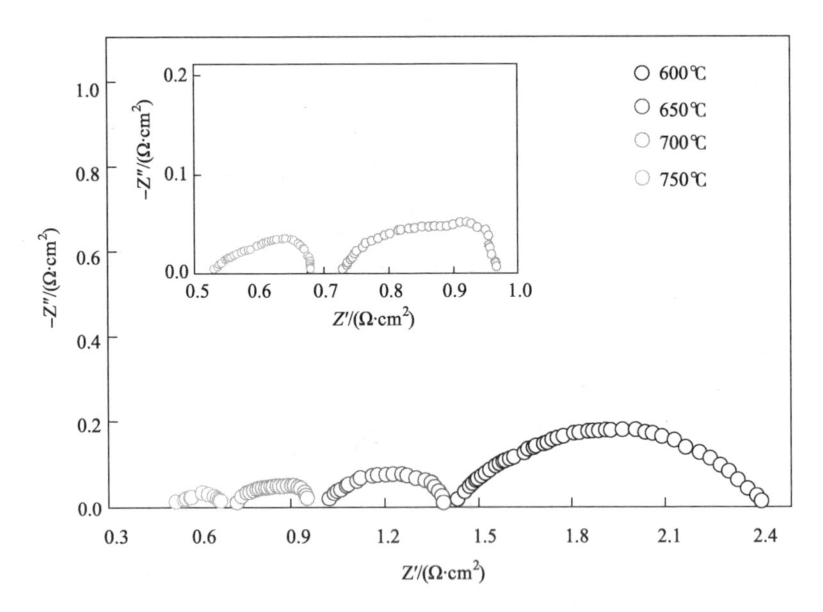

图 7-13　以等离子喷涂 LDC 为阻挡层组装的 LSGM 支撑的单电池在空载电压下的交流阻抗谱图

表 7-2　在不同温度下单电池中各个电阻的阻抗值

工作温度/℃	R_o/(Ω · cm²)	R_p/(Ω · cm²)	R_t/(Ω · cm²)
600	1.4	1.0	2.4
650	1.0	0.4	1.4
700	0.73	0.24	0.97
750	0.53	0.15	0.68

另外，由于 LSGM 电解层较厚，在一定温度下，本书得到的欧姆阻抗值大于极化阻抗值。Huang 等采用等离子喷涂的方法制备了 SOFC 的阴极层和阳极层，得到的极化电阻约为 0.14Ω · cm²。该极化电阻和本结果相当，表明电极和电解质界面结合良好。

上述结果表明，在沉积温度为 500℃时，采用大气等离子喷涂制备的 LDC 涂层作为 LSGM 电解质与 NiO/GDC 阳极之间的阻挡层，可以有效避免 Ni 基阳极与 LSGM 电解质之间的界面反应；其次，LDC 涂层在高的沉积温度下获得了跨界面连续生长的柱状晶，使得涂层获得较为致密的结构以及高的离子电导率。另外，LDC 涂层在阳极一侧还原气氛下，部分 Ce^{4+} 还原为 Ce^{3+}。已有研究结果表明，Ce^{4+} 和 Ce^{3+} 两种离子在 LDC 中共存的现象有利于燃料气体在阳极上更好地吸附。另外，Ce^{4+} 的还原增加了 LDC 中的氧空位，进一步促进了 O^{2-} 在 LDC 涂层中的迁移。图 7-14 为阳极侧反应的示意图。

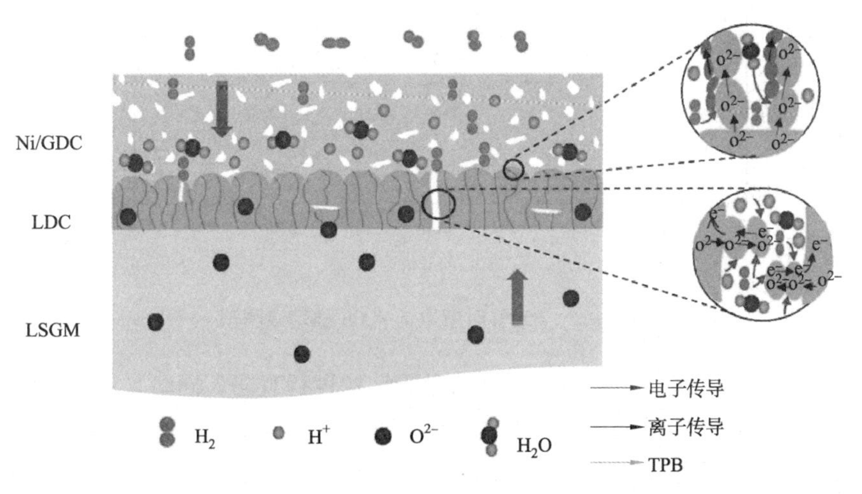

图 7-14　以 APS-LDC 为阻挡层组装的 LSGM 支撑的单电池阳极侧反应示意图

7.6 单电池稳定性分析

图 7-15 所示为电池在 650℃稳定性测试过程中，电池的电压及功率密度与时间的关系。从图中可以看出，在 250mA/cm^{2}恒定电流密度下，电池的电压和功率密度基本上保持稳定，表明在 400h 稳定性测试过程中，电池的电阻基本上没有发生变化。对以 LSGM 为电解质的电池而言，LSGM 与 Ni 基阳极之间的界面反应严重影响了电池的稳定性，而且这种界面反应对电池性能的影响发生在相对较短的时间内。比如，Huang 等在电池运行 150h 后，发现了由于 LSGM 与 Ni 基阳极之间的界面反应使得电池性能下降了 11%；Gong 等报道电池在运行了约 7 天后，电池的界面电阻增加量高达 58%；Zhang 等报道了 LSGM 和 Ni 的混合物在 H_2气氛下，600℃保温 20h 后就发生了反应，生成了杂相。本章中电池稳定运行~400h，基本没有发生性能衰减，表明电池内部并没有生成影响电池性能的杂相。

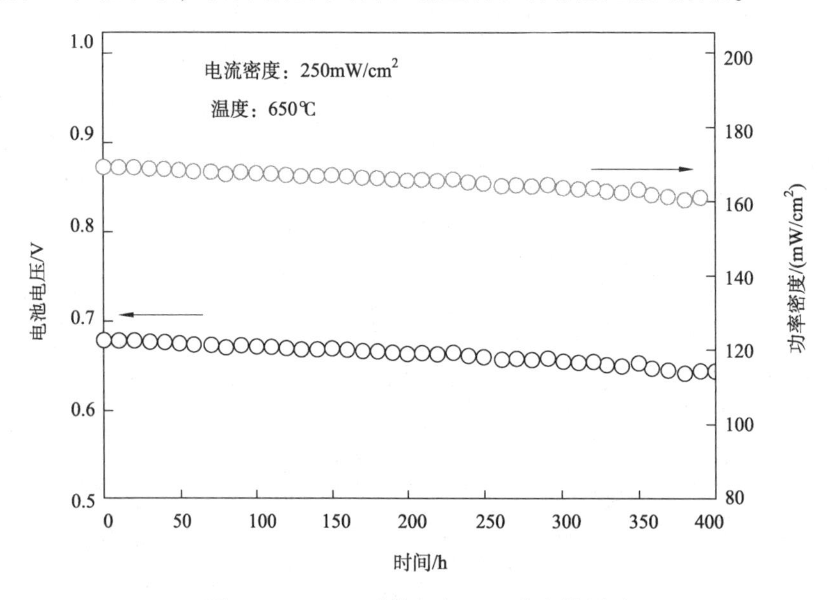

图 7-15　650℃时单电池 400h 稳定性测试

稳定性测试完成后，对电池断面的微观结构进行观察，同时采用能谱线扫描对涂层的断面进行能谱分析。图 7-16 为电池稳定性测试后，涂层的抛光断面以及断面的能谱分析结果。从图中可以看出，经过 400h 的电池测试后，在 LSGM/LDC 以及 LDC/NiO/GDC 界面没有发现界面开裂，涂层内部层与层之间仍然保持良好的结合。从能谱线扫描分析以及面分布结果可知，Ni 和 La 没有发生元素扩散，且 LDC/LSGM 界面没有发现反应层的存在。由稳定的电池性能以及能谱分析结果可知，不良界面反应可以忽略。

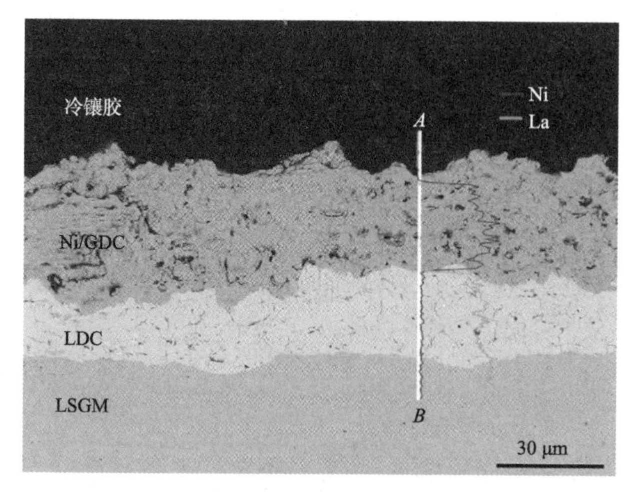

(a) 涂层抛光断面组织结构以及沿AB方向的能谱线扫描曲线

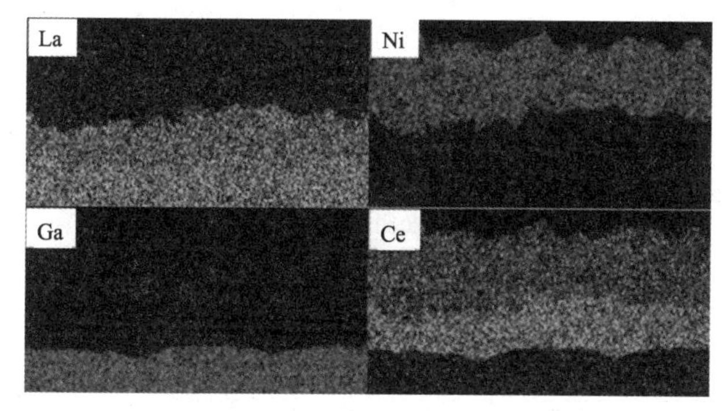

(b) 涂层断面对应的元素分布图

图 7-16　电池稳定性测试后，涂层的抛光断面以及断面能谱分析

在 LSGM 电解质与 Ni 基阳极表面制备 LDC 阻挡层的传统方法为共烧结法，电池的稳定性也在相关文献中进行了报道。为了更好地说明本章采用等离子喷涂制备得到的 LDC 适用于 SOFC，将文献中报道的有无 LDC 阻挡层存在时电池稳定性结果与本书得到的结果进行对比。由于电池各部分组成及 LSGM 电解质厚度各不相同，采用电池运行某一时间的功率密度 P 及电池起始运行时的功率密度 P_0 的比值，即 P/P_0 来表征电池输出功率密度的稳定性。同样，采用电池运行某一时间的极化电阻 R 及起始运行时的极化电阻 R_0 的比值，即 R/R_0 来表征电池极化电阻的稳定性。对比结果如图 7-17 所示。各个电池各部分组成见表 7-3。可以看出，带有 LDC 阻挡层的电池表现出稳定的性能输出；相反，当电池中不添加 LDC 阻挡层时，其输出功率密度在短时间内迅速下降，且极化电阻迅速升高，电

池性能短时间内衰减。本书中电池保持稳定的性能输出，表明当LSGM电解质采用Ni基阳极时，等离子喷涂LDC阻挡层可有效保持电池在中温下运行的稳定性。

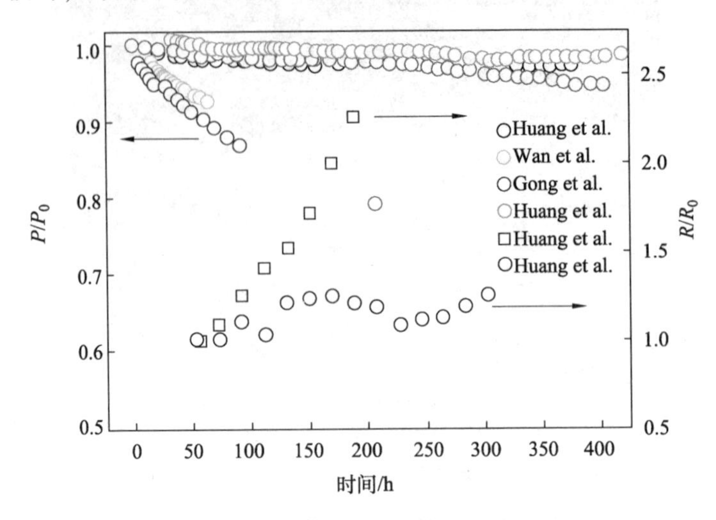

图7-17　本书研究的电池与文献报道的电池中，P/P_0及R/R_0与运行时间的关系
（方块代表电池中无LDC阻挡层，空心圆代表电池中存在LDC阻挡层）

表7-3　图7-17中各个电池的各部分组成部分

电池来源	阳极	阳极阻挡层	电解质	阴极
本书	Ni-GDC	LDC(10~20mm)	LSGM(350mm)	LSCF
Huang et al.	Ni-LDC	LDC	LSGM(600mm)	$SrCo_{0.8}Fe_{0.2}O_{3-\delta}$
Gong et al.	Ni-LDC	LDC(15mm)	LSGM(1mm)	LSCF-LSGM
Guo et al.	Ni-SDC	LDC(12mm)	LSGM(11mm)	LSCF-LSGM
Wan et al.	Ni-LDC	LDC(30mm)	LSGM	$SrCo_{0.8}Fe_{0.2}O_{3-\delta}$

7.7 主要参考文献

[1] Huang KQ, Wan JH, Goodenough JB. Increasing power density of LSGM-based solid oxide fuel cells using new anode materials[J]. J Electrochem Soc, 2001, 148(7): A788-A794.

[2] 邢亚哲. 等离子喷涂氧化钇稳定氧化锆涂层中晶粒跨扁平粒子界面连续生长规律的研究[D]. 西安：西安交通大学，2008.

[3] Yang GJ, Li CX, Hao S, et al. Critical bonding temperature for the splat bonding formation during plasma spraying of ceramic materials[J], Surf Coat Tech, 2013, 235(12): 841-847.

[4] Xing YZ, Li CJ, Li CX, et al. Influence of through-lamella grain growth on ionic conductivity of plasma-sprayed yttria-stabilized zirconia as an electrolyte in solid oxide fuel cells[J]. J Power Sources, 2008, 176(1): 31-38.

[5] Wang LS., Li CX, Li CJ, Yang GJ. Performance of LSGM-based SOFCs with atmospheric plasma spraying La-doped CeO_2 buffer layer[J], Electrochimica Acta, 2018, 275: 208-217.

[6] Steil MC, Thevenot F, Kleitz M. Densification of yttria-stabilized zirconia: Impedance spectroscopy analysis [J]. J Electrochem Soci, 1997, 144 (1): 390-398.

[7] Perez-Coll D, Sanchez-Lopez E, Mather GC. Influence of porosity on the bulk and grain-boundary electrical properties of Gd-doped ceria[J]. Solid State Ion, 2010, 181(21-22): 1033-1042.

[8] Zhang SL, Liu T, Li CJ, et al. Atmospheric plasma-sprayed $La_{0.8}Sr_{0.2}Ga_{0.8}Mg_{0.2}O_3$ electrolyte membranes for intermediate-temperature solid oxide fuel cells[J]. J Mater Chem A, 2015, 3(14): 7535-7553.

[9] Hong JE, Inagaki T, Ida S, et al. Improved sintering and electrical properties of La-doped CeO_2 buffer layer for intermediate temperature solid oxide fuel cells using doped $LaGaO_3$ film prepared by screen printing process[J]. J Solid State Electrochem, 2012, 16(4): 1493-1502.

[10] Zhu XD, Sun KN, Le SR, et al. Improved electrochemical performance of NiO-$La_{0.45}Ce_{0.55}O_{2-\delta}$ composite anodes for IT-SOFC through the introduction of a $La_{0.45}Ce_{0.55}O_{2-\delta}$ interlayer[J]. Electrochimica Acta, 2008, 54(2): 862-867.

[11] Jung DW, Kwak C, Seo S, et al. Role of the gadolinia-doped ceria interlayer in high-performance intermediate-temperature solid oxide fuel cells[J]. J Power Sources, 2017, 361: 153-159.

[12] Mai A, Haanappel VAC, Tietz F, et al. Ferrite-based perovskites as cathode materials for anode-supported solid oxide fuel cells: Part Ⅱ. Influence of the CGO interlayer[J]. Solid State Ion, 2006, 177(19-25): 2103-2107.

[13] Bi ZH, Yi BL, Wang ZW, et al. A high-performance anode-supported SOFC with LDC-LSGM bilayer electrolytes[J]. Electrochem Solid St, 2004, 7(5): A105-A107.

[14] Singman D. Preliminary Evaluation of ceria-lanthana as a solid electrolyte for fuel cells[J]. J Electrochem Soc, 1966, 113(5): 1410-1416.

[15] Huang KQ, Wan JH, Goodenough JB. Increasing power density of LSGM-based solid oxide fuel cells using new anode materials[J]. J Electrochem Soc, 2001, 148(7): A788-A794.

[16] Gong WQ, Gopalan S, Pal UB. Performance of intermediate temperature(600-800℃) solid oxide fuel cell based on Sr and Mg doped lanthanum-gallate electrolyte[J]. J Power Sources, 2006, 160(1): 305-315.

[17] Zhang SL, Li CX, Li CJ. Chemical compatibility and properties of suspension plasma-sprayed $SrTiO_3$-based anodes for intermediate-temperature solid oxide fuel cells[J]. J Power Sources, 2014, 264: 195-205.

[18] Wan JH, Yan JQ, Goodenough JB. LSGM-based solid oxide fuel cell with 1.4 W/cm^2 power density and 30 day long-term stability[J]. J Electrochem Soc, 2005, 152(8): A1511-A1515.

[19] Guo WM, Liu J, Zhang YH. Electrical and stability performance of anode-supported solid oxide fuel cells with strontium- and magnesium-doped lanthanum gallate thin electrolyte[J]. Electrochim Acta, 2008, 53(13): 4420-4427.

附录

塑料薄膜和薄片气体透过性试验方法　压差法

（GB/T 1038—2000）

1　范围

本标准规定了用压差法测定塑料薄膜和薄片气体透过量和气体透过系数的试验方法。

本标准适用于测定空气或其他试验气体。

2　引用标准

下列标准所包含条文，通过在本标准中引用而构成为本标准的条文，本标准出版时，所示版本均为有效。所有标准都会被修订，使用本标准的各方应探讨使用下列标准最新版本的可能性。

GB/T 2918—1998　薄膜试样状态调节和试验的标准环境

GB/T 6672—1986　塑料薄膜和薄片厚度的测定　机械测量法

3　定义

本标准采用下列定义。

3.1　气体透过量

在恒定温度和单位压力差下，在稳定透过时，单位时间内透过试样单位面积的气体的体积。以标准温度和压力下的体积值表示，单位为：$cm^3/m^2 \cdot d \cdot Pa$。

3.2　气体透过系数

在恒定温度和单位压力差下，在稳定透过时，单位时间内透过试样单位厚度、单位面积的气体的体积。以标准温度和压力下的体积值表示，单位：$cm^3 \cdot cm/cm^2 \cdot s \cdot Pa$。

4　原理

塑料薄膜或薄片将低压室和高压室分开，高压室充有约 10^5 Pa 的试验气体，低压室的体积已知。试样密封后用真空泵将低压室内气体抽到接近零值。

用测压计测量低压室内的压力增量 Δp，可确定试验气体由高压室透过膜（片）到低压室的以时间为函数的气体量，但应排除气体透过速度随时间而变化的初始阶段。

气体透过量和气体透过系数可由仪器所带的计算机按规定程序计算输出到软盘或打印在记录纸上，也可按测定值经计算得到。

5 仪器

透气性仪见图1。仪器包含以下几部分：透气室，真空装置，真空泵。

5.1 透气室

由上下两部分组成。当装入试样时，上部为高压室，用于存放试验气体。下部为低压室，用于贮存透过的气体并测定透气过程前后压差，以计算试样的气体透过量。上下两部分均装有试验气体的进出管。

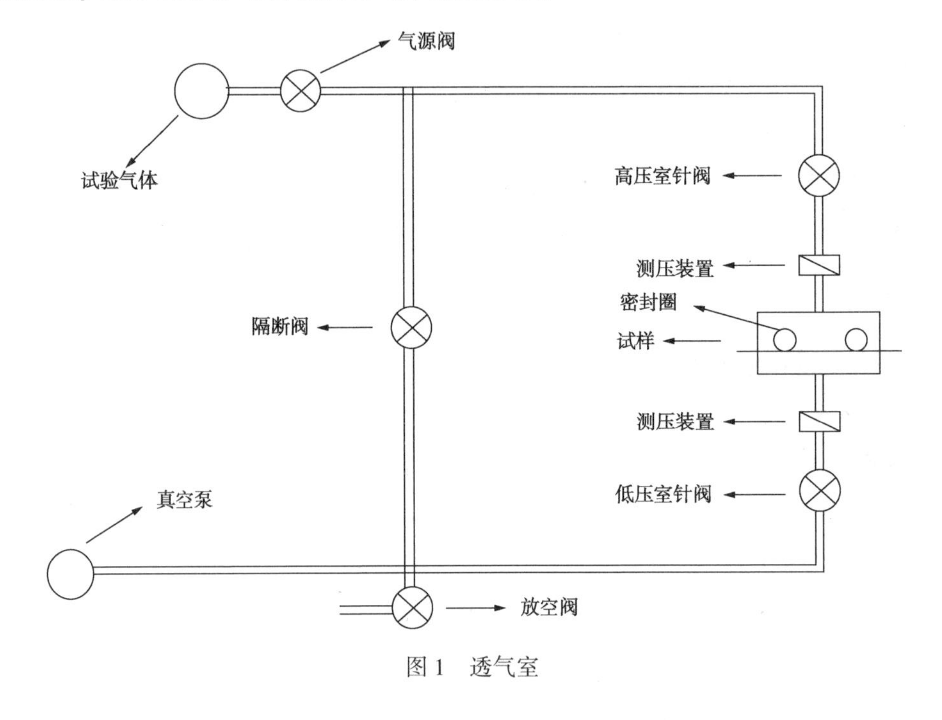

图1 透气室

低压室由一个中央带空穴的试验台和装在空穴中的穿孔圆盘组成。根据试样透气量的不同，穿孔圆盘下部空穴的体积也不同。试验时应在试样和穿孔圆盘之间嵌入一张滤纸以支撑试样。

5.2 测压装置

高、低压室应分别有一个测压装置，低压室测压装置的准确度应不低于6Pa。

5.3　真空泵

应能使低压室中的压力不大于 10Pa。

6　试样

试样应具有代表性，应没有痕迹或可见的缺陷。试样一般为圆形，其直径取决于所使用的仪器，每组试样至少为 3 个。应在 GB/T 2918 中规定 23℃±2℃环境下，将试样放在干燥器中进行 48h 以上状态调节或按产品标准规定处理。

7　步骤

7.1　按 GB/T 6672 测量试样厚度，至少测量 5 点，取算数平均值。

7.2　在试验台上涂一层真空油脂，若油脂涂在空穴中的圆盘上，应仔细擦净；若滤纸边缘有油脂时，应更换滤纸(化学分析用滤纸，厚度 0.2~0.3mm)。

7.3　关闭透气室各针阀，开启真空泵。

7.4　在试验台中的圆盘上放置滤纸后，放上经状态调节的试样。试样应保持平整，不得有褶皱。轻轻按压使试样与试验台上的真空油脂良好接触。开启低压室针阀，试样在真空下应紧密贴合在滤纸上。在上盖的凹槽内放置 O 形圈，盖好上盖并紧固。

7.5　打开高压室针阀及隔断阀，开始抽真空直至 27Pa 以下，并继续脱气 3h 以上，以排除试样所吸附的气体和水蒸气。

7.6　关闭隔断阀，打开试验气瓶和气源开关向高压室充试验气体，高压室的气体压力应在$(1.0\sim1.1)\times10^5$Pa 范围内。压力过高时，应开启隔断阀排出。

7.7　对携带运算器的仪器，应首先打开主机电源开关及计算机电源开关，通过键盘分别输入各试验台样品的名称、厚度、低压室体积参数和试验气体名称等，准备试验。

7.8　关闭高、低压室排气针阀，开始透气试验。

7.9　为剔除开始试验时的非线性阶段，应进行 10min 的预透气试验。随后开始正式透气试验，记录低压室的压力变化值 Δp 和试验时间 t。

7.10　继续试验直到在相同时间间隔内压差的变化保持恒定，达到稳定透过。至少取 3 个连续时间间隔的压差值，求其算术平均值，以此计算该试样的气体透过量及气体透过率。

8　结果计算

8.1　气体透过量 Q_g 按式(1)进行计算：

$$Q_g = \frac{\Delta p}{\Delta t} \times \frac{V}{S} \times \frac{T_0}{p_0 T} \times \frac{24}{(p_1 - p_2)} \quad (1)$$

式中　Q_g——材料的气体透过量，$cm^3/m^2 \cdot d \cdot Pa$；

$\Delta p/\Delta t$——在稳定透过时，单位时间内低压室气体压力变化的算术平均值，Pa/h；

V——低压室体积，cm^3；

S——试样的试验面积，m^2；

T——试验温度，K；

$p_1 - p_2$——试样两侧的压差，Pa；

T_0，p_0——标准状态下的温度(273.15K)和压力(1.0133×10^5Pa)。

8.2　气体透过系数 p_g[$cm^3 \cdot cm/cm^2 \cdot s \cdot Pa$]按式(2)进行计算：

$$Q_g = \frac{\Delta p}{\Delta t} \times \frac{V}{S} \times \frac{T_0}{P_0 T} \times \frac{D}{(p_1 - p_2)} = 1.1574 \times 10^{-9} Q_g \times D \quad (2)$$

式中　p_g——材料的气体透过量，$cm^3 \cdot cm/(cm^2 \cdot s \cdot Pa)$；

$\Delta p/\Delta t$——在稳定透过时，单位时间内低压室气体压力变化的算术平均值，Pa/s；

D——试样厚度，cm；

T——试验温度，K。

8.3　对于给定的仪器，低压室体积 V 和试样的面积 S 是一常数。

8.4　对携带运算器的试验仪器，计算机将直接计算出试样的气体透过量和气体的透过系数。

8.5　试验结果以每组试样的算术平均值表示。

9　试验记录

试验记录应至少包括以下几项：

a) 样品名称及状态调节情况的说明；

b) 所使用的仪器及状况说明；

c) 所用试验气体名称；

d) 试验温度；

e) 每个试样的厚度；

f) 每个试样的透气量及每组试样算术平均值；

g) 根据需要计算气体透过系数。